纤维缠绕压力容器
设计原理与方法

祖 磊 张 骞 张桂明 著

科学出版社

北京

内 容 简 介

　　纤维缠绕压力容器在航空航天、船舶海洋、化学化工及现代交通等各个领域装备中应用广泛，已成为现代工业发展进步过程中不可或缺的装备，世界各国无不将发展轻量化纤维缠绕复合材料压力容器作为国家重点科研课题之一。本书从纤维缠绕压力容器设计与制造的相关基础理论展开介绍，对复合材料压力容器（包括高压容器、固体火箭发动机壳体、锥形天线罩等）的设计方法、成型工艺、成型后压力容器检测方法及水压爆破测试等进行重点阐述。

　　本书可供机械设计、机械制造、复合材料相关专业的研究生专业课教学使用，也可为相关技术人员及管理人员从事复合材料压力容器与管道设计方向的工作和学习提供重要参考。

图书在版编目（CIP）数据

　　纤维缠绕压力容器设计原理与方法 / 祖磊，张骞，张桂明著. —北京：科学出版社，2021.11

　　ISBN 978-7-03-068705-0

　　Ⅰ. ①纤… Ⅱ. ①祖… ②张… ③张… Ⅲ. ①压力容器-设计 Ⅳ. ①TH490.22

中国版本图书馆 CIP 数据核字（2021）第 079800 号

责任编辑：蒋　芳　赵晓廷 / 责任校对：彭珍珍
责任印制：赵　博 / 封面设计：许　瑞

斜 学 出 版 社 出版
北京东黄城根北街 16 号
邮政编码：100717
http://www.sciencep.com

北京凌奇印刷有限责任公司印刷
科学出版社发行　各地新华书店经销

*

2021 年 11 月第 一 版　开本：720 × 1000　1/16
2025 年 1 月第四次印刷　印张：12 3/4
字数：255 000
定价：129.00 元
（如有印装质量问题，我社负责调换）

前　言

纤维缠绕压力容器广泛应用于航空航天、船舶海洋、化学化工及现代交通等各个领域装备中，在现代工业发展进步过程中扮演着重要角色。同时，现代工业发展的需求促进了复合材料压力容器的发展，复合材料压力容器的研究始于 20 世纪40 年代，美国率先使用 F-84 军用纤维制造空气压缩瓶。

随着材料科学和先进制造技术的不断进步，低成本高压力的纤维缠绕复合材料压力容器逐渐成为现实。世界各国无不将发展轻量化纤维缠绕复合材料压力容器作为国家重点科研课题之一，如中国科学技术部的重点研发计划、美国国家航空航天局（National Aeronautics and Space Administration，NASA）的新航空研发计划和太空探索规划、美国能源部的 21 世纪氢能燃料汽车计划、欧洲联盟第七个框架合作计划、欧洲木星探索计划等，均将发展轻量化纤维缠绕复合材料压力容器技术列为探索的关键技术。

结合目前航空航天、车辆船舶等领域纤维缠绕压力容器的实际应用，本书重点阐述纤维缠绕压力容器的设计原理和方法。全书共 9 章，主要内容包括纤维缠绕压力容器的研究进展、纤维缠绕压力容器线型设计与规划方法、纤维缠绕工艺参数影响研究、纤维缠绕结构基本力学性能测试评定方法、纤维缠绕压力容器结构设计方法、纤维缠绕压力容器性能优化技术、纤维缠绕压力容器监测技术等。本书撰写过程中从纤维缠绕压力容器原理入手，重点强调理论与实践的结合，通过呈现大量的典型纤维缠绕压力容器设计分析案例，重点体现纤维缠绕压力容器设计知识的基础性、系统性、完整性和实用性，也特别注意介绍近年来纤维缠绕压力容器在各方面的新进展。

尽管作者衷心希望奉献一本高质量书籍，但是限于作者的知识学术水平，不当之处在所难免，恳请广大读者批评指正。在整理和撰写此书的过程中，作者引用参考了国内外相关领域的书籍和学术期刊论文，在此一并表示感谢。

作　者

2021 年 5 月

目　　录

第1章 绪 论

压力容器是指装有气体或液体并承受一定压力的密闭装置,其用途非常广泛,并且在工业、民用、军事和许多科学研究领域都具有重要的地位和功能。根据制备材料的不同,压力容器可分为金属压力容器和复合材料压力容器(composite pressure vessel),前者因其工艺稳定性好、成本低等,广泛应用于传统的化学、石化和军事等领域,如液化天然气罐和短程导弹发动机壳体等;后者因其质量轻、抗疲劳性能良好和环境适应性好等,广泛应用于新能源汽车、火箭发动机系统和卫星等新技术和新装备上,如图 1.1 所示。

图 1.1 应用于不同领域的复合材料压力容器

复合材料压力容器主要通过纤维缠绕工艺及编织工艺成型,是一种由具有密封性内衬和高强度的纤维缠绕层组成的薄壁容器。相较于传统的金属压力容器,复合材料压力容器的内衬起到了存储、密封和防化学腐蚀的作用,主要由复合材料层来承担内压载荷。由于复合材料的高比强度和良好的可设计性,复合材料压力容器相较于传统金属压力容器而言不仅承载能力得到了极大的提升,而且大幅地减轻了容器质量。

1.1 纤维缠绕压力容器的研究进展

航空航天的需求促进了复合材料压力容器的发展。复合材料压力容器的研究始于 20 世纪 40 年代,1947 年美国以火箭发动机复合材料壳体技术为基础,开始使用 F-84 军用纤维制造空气压缩瓶。1957 年 10 月苏联成功发射第一颗人造地球卫星。美国为了尽快将自己的卫星送入太空,在原有民兵导弹、北极星导弹的基础上，对推进技术提出了更高的要求：携带更多的燃料，延长燃烧时间，获得足够的推力。但是，40 年代以前，航空航天领域中应用的全部都是金属压力容器，其质量大，难以满足射程要求。正是在这种需求下，美国采用玻璃纤维增强橡胶内衬来制备固体发动机壳体，与原金属压力容器相比有效地减轻了 27% 的质量，并且有效地增加了射程。因此，航天技术的发展促使了复合材料压力容器的诞生。这个时期的复合材料压力容器是将玻璃纤维增强环氧树脂缠绕在橡胶内衬上，虽然这种压力容器的质量比金属压力容器轻，但是玻璃纤维抗应力断裂性差，耐疲劳性低以及气体渗透率较大，并未得到广泛应用。

"载人航天工程"中航天器的高压气体携带难题催生了金属内衬复合材料压力容器的诞生。

20 世纪 70 年代，随着杜邦公司轻质高强的 Kevlar 纤维的成熟化、商品化应用，各国开始了 Kevlar 纤维复合材料压力容器的研制。与以往常用的 S-2 玻璃纤维相比，Kevlar 纤维的模量是玻璃纤维的 1.5 倍，密度却是玻璃纤维的 3/5，因此它能够进一步减轻复合材料压力容器的质量。美国率先将 Kevlar 纤维增强金属内衬复合材料压力容器应用在航天飞机计划中。这个时期的 Kevlar 纤维增强金属内衬复合材料压力容器的主要特性是：设计的安全系数为 2～3，具有更轻的质量，与玻璃纤维增强的复合材料压力容器相比减重 25% 以上。

1980 年，高强度、高模量和低密度的碳纤维开始在复合材料压力容器的制造行业中占据一席之地。随着碳纤维性能的提高和成本的显著降低，具有优异性能和低成本而无须焊接的无焊缝铝内衬制造技术的结合使低成本、轻量化和高可靠性的高压容器的生产成为可能。美国和日本于 1997 年首次使用碳纤维制造复合材料压力容器。碳纤维增强金属内衬复合材料压力容器由于其质量轻和可靠性高而在使用中迅速延伸。这个时期的碳纤维增强金属内衬复合材料压力容器的主要特点是：设计的安全系数为 1.5～2，比 Kevlar 纤维增强金属内衬复合材料压力容器轻 20% 以上。

20 世纪末，人类的太空探索活动更加频繁和多样化（如重返月球、火星探索、外太空探测等），因此对复合材料的综合性能提出了更高的要求，如轻量化、压力高、寿命长、渗漏性好、环境适应性强等。为满足不同航空航天系统对压力容器的需求，复合材料压力容器的发展呈现出多样化的特点，主要体现在以下方面。

（1）材料多样化。在纤维增强复合材料方面，新品种、新类型的增强纤维的出现，为人们提供了更多的选择，除常用的玻璃纤维、芳纶纤维、碳纤维外，还出现了聚苯并噁唑（polybenzoxazole，PBO）纤维、玄武岩纤维、高分子量聚丙烯纤维等。

（2）内衬类型多样化。为适应不同介质、不同压力、不同气密性、不同应用领域的要求，出现了橡胶内衬、塑料内衬、金属内衬、复合材料内衬等，更好地解决了质量和性能间的矛盾。

（3）形状多样化。除了传统的柱形、圆形复合材料压力容器，为充分利用航空航天器内的宝贵空间，还出现了泪珠形压力容器、环形压力容器等。

（4）用途多样化。复合材料压力容器广泛应用在航空航天领域、燃气运输领域、液体介质储存领域、新能源领域、石油化工领域、民用储气领域等，在不同的岗位发挥着重要的作用。

压力容器从最开始的全金属压力容器到如今的非金属内衬复合材料缠绕压力容器乃至无内衬全缠绕压力容器。总体来说，复合材料压力容器总是朝着更高的容积特性系数发展，未来的复合材料压力容器将能承受更高的内压，具有更轻的质量以及更长的寿命。图 1.2 从左至右分别显示了全金属压力容器、带内衬的环向缠绕压力容器以及带内衬的全缠绕压力容器。

(a) 全金属压力容器　　(b) 带内衬的环向缠绕压力容器　　(c) 带内衬的全缠绕压力容器

图 1.2　各式压力容器

1.2　纤维缠绕压力容器的结构与材料

纤维缠绕压力容器的内层主要是内衬结构，其主要功能是充当密封屏障，防止内部存储的高压气体或液体泄漏，同时可以保护外部纤维缠绕层。该层不会被内部存储材料腐蚀，并且外层是由树脂基质增强的纤维缠绕层，主要用于承受压力容器中的大部分压力负荷（陈振国等，2018）。

1.2.1　纤维缠绕压力容器的结构

复合材料压力容器的结构形式主要有圆筒形、球形、环形和矩形四种。圆筒形容器由一个筒身段和两个封头组成。金属压力容器被制成简单形状，其轴向有多余的强度储备。球形容器在内压作用下，经、纬向应力相等，且为圆筒形容器周向应力的一半。金属材料在各方向的强度相等，因此金属制球形容器为等强度设计，在容积、压力一定时具有最小质量。球形容器的受力状态是最理想的，容器壁也可以做得最薄。但是由于球形容器在制造方面的难度较大，一般只有在航天器等特殊场合使用。环形容器在工业生产中十分少见，但是在某些特定的场合还是需要这种结构的，例如，空间飞行器为了充分利用有限空间，就会采用这种特殊结构。矩形容器主要是为了满足当空间有限时，最大限度地利用空间而采用的结构，如汽车矩形槽车、铁路罐车等，这类容器一般为低压容器或者常压容器，而质量要求越轻越好。

复合材料压力容器本身结构的复杂性、封头和封头厚度的突然变化、封头的可变厚度和角度等，给设计、分析、计算和成型带来了许多困难。有时，复合材料压力容器不仅需要在封头部分以不同的角度和变速比进行缠绕，而且需要根据结构的不同采用不同的缠绕方法。同时，必须考虑如摩擦系数等实际因素的影响。因此，只有正确的、合理的结构设计，才能正确地指导复合材料压力容器的缠绕生产工艺过程，从而生产出满足设计要求的轻量化复合材料压力容器产品。

1.2.2　纤维缠绕压力容器的材料

纤维缠绕层作为主要承重部分必须具有高强度、高模量、低密度、热稳定性和良好的树脂润湿性，以及良好的缠绕加工性和均匀的纤维束紧度。用于轻型复合材料压力容器的常用增强纤维材料包括碳纤维、PBO 纤维、芳族聚酰胺纤维和超高分子量聚乙烯纤维等。

碳纤维是一种纤维状的碳材料，其主要成分是碳，由有机纤维原丝高温下碳化而成，也是一种含碳量超过 95%的高性能纤维材料。碳纤维性能优良，研究始于 100 年以前，是一种高强度、高模量和低密度的高性能缠绕纤维材料，主要具有以下特点。①密度小、质量轻。碳纤维的密度为 $1.7 \sim 2 \mathrm{g/cm^3}$，相当于钢密度的 1/4、铝合金密度的 1/2。②高强度和高模量，其强度比钢高 4~5 倍，弹性模量比铝合金高 5~6 倍，绝对弹性回复（张二勇和孙艳，2020）。碳纤维的抗拉强度和弹性模量分别可达到 3500~6300MPa 和 230~700GPa。③热膨胀系数小。碳纤维的导热系数随温度的升高而降低，耐骤冷、急热，即使从高温几千摄氏度下降到室温也不会破裂，在 3000℃的非氧化性气氛中不会熔化或软化；在液氮温度下不会脆化。④耐腐蚀性好。碳纤维对酸呈惰性，并且可以承受强酸，如浓盐酸和硫酸。此外，碳纤维复合材料还具有抗辐射、化学稳定性好、可吸收有毒气体和中子减速等特点，在航空航天、军事等许多方面具有广泛的应用。

芳族聚酰胺（Aramid）出现于 20 世纪 60 年代后期，是由芳族聚邻苯二甲酰胺合成的有机纤维，其密度小于碳纤维。它具有高强度、高模量、良好的冲击性能和良好的化学稳定性，以及耐热性，其价格仅为碳纤维的一半。芳纶纤维主要具有以下特点。①良好的力学性能。芳纶纤维是一种比普通聚酯、棉、尼龙等具有更高断裂强度的柔性聚合物，具有更大的伸长率、柔软的手感、良好的可纺性，可以制成不同纤度和长度的纤维。②优良的阻燃和耐热性能。芳族聚酰胺的极限氧指数大于 28，因此它离开火焰时不会继续燃烧。它具有良好的热稳定性，可以在 205℃下连续使用，并且在高于 205℃的高温条件下仍能保持较高的强度。同时，芳纶纤维的分解温度很高，在高温条件下还能保持较高的强度，只有在温度高于 370℃时才开始碳化。③化学性能稳定。芳纶纤维对大多数化学物质均具有优异的抵抗力，可以承受大多数高浓度的无机酸，并且在室温下具有良好的耐碱性。④优良的力学性能。它具有出色的力学性能，如超高强度、高模量和轻质量。其强度是钢丝的 5～6 倍，弹性模量是钢丝或玻璃纤维的 2～3 倍，韧性是钢丝的 2 倍，质量仅是钢丝的 1/5。芳族聚酰胺纤维一直是大量使用的高性能纤维材料，主要适用于对质量和形状有严格要求的航空和航天压力容器（孔海娟等，2013；郄忠仁等，2009）。

　　PBO 纤维是美国在 20 世纪 80 年代为航空航天工业发展而开发的复合材料的增强材料。它是含有杂环芳族化合物的聚酰胺家族中最有前途的成员之一，被称为 21 世纪的超级纤维。PBO 纤维具有十分优异的物理性能和化学性能，其强度、弹性模量、耐热性在所有纤维中几乎都是最好的。此外，PBO 纤维具有出色的抗冲击性、耐摩擦性和尺寸稳定性，并且轻巧柔软，是极为理想的纺织材料。PBO 纤维主要具有以下特点。①良好的力学性能。高端 PBO 纤维产品的强度为 5.8GPa，弹性模量为 180GPa，在现有的化学纤维中是最高的。②良好的热稳定性。耐热温度达到 600℃，极限氧指数为 68，在火焰中不燃烧或收缩，其耐热性和阻燃性高于其他任何有机纤维。作为 21 世纪的超高性能纤维，PBO 纤维具有非常出色的物理性能和力学性能以及化学性能。它的强度和弹性模量是芳纶纤维的 2 倍，并且具有间位芳族聚酰胺的耐热性能和阻燃性能，其物理性能和化学性能完全超过了芳纶纤维。直径为 1mm 的 PBO 纤维可以提起质量达 450kg 的物体，其强度是钢纤维的 10 倍以上（赵领航等，2017；张鹏等，2012）。

　　超高分子量聚乙烯纤维，也称为高强度、高模量聚乙烯纤维，是世界上具有最高比强度和比模量的纤维。它是由聚乙烯纺成的纤维，分子量为 100 万～500 万。超高分子量聚乙烯纤维主要具有以下特点。①高比强度和高比模量。它的比强度是相同截面钢丝的十倍以上，比模量仅次于特种碳纤维，通常分子量大于 10^6，抗拉强度为 3.5GPa，弹性模量为 116GPa，伸长率为 3.4%。②密度低。它的密度一般为 0.97～0.98g/cm^3，可以漂浮在水面上。③低断裂伸长率。它吸收能量的能力强，具有优异的耐冲击性和耐切割性，耐候性极好，能抗紫外线、中子和 γ 射线，具有高比能吸收、低介电常数、高电磁波透射率和耐化学腐蚀性能，以及良好的耐磨性和较长的弯曲寿命。聚乙烯纤维具有许多优异的性能，它在高性能纤维市场上显示出巨大的优势，从海上油田的系泊缆绳到高性能的轻质复合材料，在现代战争以及航空、航天和海事领域都显示出巨大的优势，在防御装备和其他领域起着举足轻重的作用（尹晔东，2008；赵静生等，2010）。

图1.3从左到右分别为玻璃纤维、芳纶纤维和碳纤维。

(a) 玻璃纤维　　　　　　　(b) 芳纶纤维　　　　　　　(c) 碳纤维

图1.3　常用的纤维

树脂基体因其胶黏能力比较好，主要用来黏结以固定纤维材料，同时起到分散载荷、使纤维所受的载荷均匀、以避免使外层纤维材料被外界环境损伤的作用。

对于树脂基体，不仅需要具有较高的载荷传递能力，而且需要具有良好的力学性能和黏结性能。韧性是复合材料中树脂基体的必要特性，确保了固化的复合材料具有更好的性能，因此整体性能高。根据热效应的特性，树脂可分为热塑性树脂和热固性树脂。热塑性树脂仅在复合材料的成型过程中发生物理变化，并且没有化学反应。常见的热塑性树脂有聚丙烯（PP）、尼龙（PA）、丙烯腈-丁二烯-苯乙烯共聚物（ABS）、聚酯（PET）和聚甲醛（POM）等，它们的复合材料通常是 10%～30%的碎玻璃纤维增强。热固性树脂是指在使用过程中添加固化剂和促进剂（某些树脂不需要促进剂）的树脂，在一定温度下发生不可逆的化学变化，会形成难溶的固体。常见的热固性树脂包括环氧树脂、酚醛树脂、不饱和聚酯树脂和乙烯基树脂（丛子添和战持育，2016）。

1.3　纤维缠绕成型工艺与装备

1.3.1　缠绕成型工艺简述

复合材料具有高强度、高模量、高刚度、优良的减振性、耐疲劳和耐蚀性等优异特点，被广泛用于国防科学技术和土木工程领域。复合材料使用含量已成为评估航空航天器性能的重要指标之一。在树脂基复合材料的生产技术中，纤维缠绕技术是最早发展、应用最广泛的加工技术，也是最重要的生产技术之一。纤维缠绕技术作为一种成型技术，通过丝嘴和模具之间的相对运动，按照一定的规则将纱线束缠绕在模具上，从而制成复合材料组件（王瑛琪等，2011）。

　　纤维缠绕过程是按照一定的规则，将浸渍有树脂胶的连续纤维或布带缠绕在芯模上，然后将其固化和脱模。纤维缠绕复合材料的成型工艺是目前使用最广泛、效率最高、成型效果最好的成型工艺，其产品性能均匀、稳定，也是最早开发和广泛使用的技术。纤维缠绕成型工艺是指在纤维张力的作用下，将纤维纱片浸入树脂胶中，通过控制丝嘴与型芯模具之间的相对运动，将纤维缠绕在型芯模具上，以一定的编排规律做出复合材料零件的成型技术。

　　图 1.4 为常见的纤维缠绕工艺示意图。

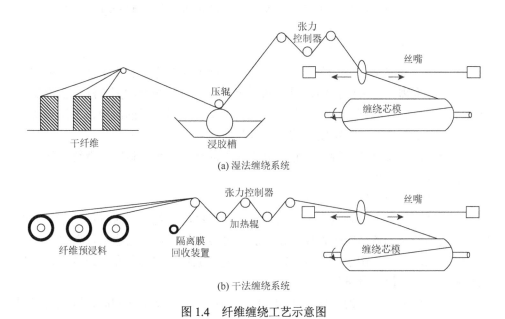

(a) 湿法缠绕系统

(b) 干法缠绕系统

图 1.4　纤维缠绕工艺示意图

　　湿法中的树脂交联度低于干法中的树脂交联度，因此可以在室温下缠绕。

　　根据纤维缠绕成型时树脂基体的物理化学状态不同，将纤维缠绕成型工艺分为干法、湿法和半干法三种。

1. 干法缠绕成型工艺

　　干法缠绕成型工艺是指加热连续纤维粗纱以浸渍树脂，在一定温度下除去溶剂，并使树脂胶液发生一定程度的反应形成预浸带，然后按照一定的规则和方法排布在模具上。干法缠绕成型工艺具有环保、使用方便以及缠绕效率高等优点，但是其成本相对较高，缠绕设备相对昂贵，预浸料的成本也是普通纤维的数倍，且成型时温度、缠绕速率以及缠绕张力都对产品的性能有较大影响，故工艺难度相对较大。干法缠绕成型工艺通常用于产品性能要求高的领域，如航空航天领域。

2. 湿法缠绕成型工艺

湿法缠绕成型工艺是指将连续的纤维丝或纤维布通过储胶罐浸渍于树脂中，并在丝嘴的引导下直接缠绕在模具上，然后进行固化成型的方法。该方法被广泛应用，对缠绕设备和材料的要求不高，并且适合于生产大多数缠绕产品。湿法缠绕在成型过程中受到张力、缠绕速度以及树脂浸渍程度等不稳定因素的影响，因此缠绕制品的质量不易保证。与干法缠绕成型工艺相比，湿法缠绕纤维在模具上的稳定性较差，因此控制湿法缠绕过程的稳定性是保证缠绕顺利进行的前提。

3. 半干法缠绕成型工艺

半干法缠绕成型工艺是介于干法和湿法之间的缠绕方法。像干法缠绕成型工艺一样，纤维需预先浸渍，然后反应到一定程度。每种缠绕成型方法，都有其适用条件。在这三种缠绕方法中，湿法缠绕成型工艺是最常见的应用，干法缠绕成型工艺仅用于高性能、高精度的前沿技术范畴。

缠绕方法主要有环向缠绕、螺旋缠绕和平面缠绕三种，这三种缠绕方法将在第 2 章进行详细介绍。

纤维缠绕成型的优点如下（陈静，2005）：

（1）精度高。在各种复合材料成型工艺中，纤维缠绕成型时纤维的铺放精度最高，尤其是在配备精密张力控制系统后，缠绕产品的精度已达到较高水平。

（2）生产率高。由于纤维缠绕加工设备的机械化、自动化和高速特性，其生产率大大提高，便于批量生产。

（3）可以形成巨大的结构。例如，缠绕高压罐（用于加热和固化强度要求更高的缠绕组件），并且可以在现场成型巨大的结构，从而节省了运输成本，这是其他成型方法无法比拟的。

（4）强度高。纤维缠绕成型的复合材料的纤维含量高（高达 80%），因此在缠绕过程中纤维处于张紧状态，对芯模或下部纤维施加正压，减少了缠绕组件，甚至无须放置。在热压罐中加热加压使其固化，强度也更高。

（5）质量轻。同体积情况下玻璃纤维压力容器的质量比金属压力容器轻。

（6）整体成型。可以与其他部件一起包裹在纤维中，减少其他方法经常遇到的组装和连接工序，提高结构的耐疲劳性。

缠绕成型的缺点：①缠绕成型的适应性小，不是任何结构的产品都可以缠绕，特别是具有凹形表面的产品，因为在缠绕过程中纤维不能靠近芯模的表面，否则会被架空；②缠绕成型需要缠绕机、型芯模具、固化炉、脱模机和熟练的技术工人，这需要大量的投资和技术，因此只有在批量生产时才能降低成本，并获得更大的经济效益（何亚飞等，2011）。

1.3.2 缠绕成型装备简述

用于纤维缠绕的设备是缠绕机，其通常由控制系统、浸渍系统、张力系统和缠绕机组成。缠绕系统组成部分如图 1.5 所示。

(a) 机床主轴及卡盘　　　　　　(b) 丝嘴　　　　　　(c) 浸胶槽

(d) 水浴恒温箱　　　　　　(e) 磁粉制动器　　　　　　(f) 张力控制器

图 1.5　缠绕系统组成部分

根据丝嘴的运动自由度，缠绕机可以分为两轴缠绕机、四轴缠绕机、五轴缠绕机和六轴缠绕机。根据运动控制方法，缠绕机可分为机械式、程控式和计算机控制式。数控纤维缠绕机床如图 1.6 所示。

图 1.6　数控纤维缠绕机床

机械式缠绕机结构简单，制造成本低，可靠性和特异性高，通过执行器之间的机械传动关系，可实现纤维在模具上的缠绕。机械式缠绕机主要针对的是固定形状的模具或指定的纤维纱线轨迹。对于具有特殊形状或复杂纱线布置的组件，不再使用机械式缠绕机。

程控式缠绕机采用液压控制伺服电机，同时采用拨码开关作为数据输入方式，可以相对容易地改变参数。程控式缠绕机分为数字控制缠绕机和模拟控制缠绕机。数字控制是一种控制间歇性数字量或根据信息处理要求对数字执行运算的方法。模拟控制是在信息处理中进行连续模拟控制或不进行数字操作的一种方式。目前，国内生产中使用的大多数缠绕机都是数字控制的。

计算机控制式缠绕机的特点是先利用计算机计算出纤维的缠绕轨迹，然后求解出运动轴的坐标轨迹，并通过计算机控制多轴伺服电机的旋转实现复杂纤维轨迹的缠绕。与机械式缠绕机和程控式缠绕机相比，计算机控制式缠绕机可以更精确、更多样化地缠绕复合材料产品。

目前，我国的纤维缠绕技术正处于成熟的发展时期。纤维缠绕设备已实现计算机数字控制或微机全伺服控制。两轴、三轴和四轴纤维缠绕机的制造技术和缠绕工艺已经成熟，各种压力容器、电绝缘产品和运动产品在缠绕成型中起着重要作用。由国内许多大学、研究机构和公司开发的多轴数字控制或微机控制的纤维缠绕机用于复合材料的开发和生产（蔡金刚等，2014），它不仅可以为航空航天、军事和核工业提供高精度缠绕机，还可以为工业提供通用的纤维缠绕机和民用的完整生产线。例如，哈尔滨工业大学研制的大型龙门数控四轴、五轴、六轴联动纤维缠绕机；武汉理工大学研发的四轴四、八工位数控缠绕机及五轴、七轴纤维缠绕机；哈尔滨理工大学研制的全自动内固化高压玻璃钢管道生产线；哈尔滨复合材料设备开发有限公司研制的龙门、卧式多工位、多轴缠绕机；哈尔滨玻璃钢研究院、西安航天复合材料研究院等开发的环形缠绕机、球形缠绕机；江南工业集团有限公司研制的大直径、多功能、高精度数控缠绕机；连云港唯德复合材料设备有限公司、西安龙德科技发展有限公司基于微机控制和西门子数控系统的二-四轴联动缠绕机；连云港中通复合材料机械设备制造厂、衡水方晨玻璃钢设备科技有限公司等生产的定长往复式夹砂管道缠绕机；青岛朗通电气设备有限公司研发的夹砂玻璃钢管道连续缠绕生产线等。近年来，我国缠绕技术快速发展，但是缠绕设备整体自动化、产业化、创新化发展速度与国外发达国家仍有较大差距。

机器人具有自由度多、可靠性高、成本低等优点，应用于缠绕成型可实现复合材料制品的精确及柔性化缠绕。机器人缠绕技术包括缠绕轨迹设计、分析和后处理，从而形成专业的机器人缠绕 CAD/CAM 软件。国外对缠绕机器人的研究相对较早且已经成熟。法国 MFTech 公司是第一家研究和商业化机器人缠绕的公司，由该公司提供的机器人缠绕设备充分利用了机器人的柔性，可采用抓取模具和带动导丝头两种方式进行复合材料缠绕成型。加拿大 Compositum 公司研发了适用于 ABB、KUKA 等多种品牌机器人和数控系统的全自动缠绕系统。荷兰 Taniq 公司研发了 Scorpo 机器人，搭载自主开发的工艺设计软件，用于纤维增强橡胶产品的纤维及橡胶带缠绕。比利时鲁汶大学使用 PUMA-762 机器人与两轴 CNC 缠绕机配合使用，以实现各种结构零件的缠绕和成型。加拿大渥太华大学已经进行了基于机器人的 T 形管缠绕研究。德国亚琛工业大学已经建立了一个复合材料柔性制造单元，并成功生产了如机床主轴和飞机机身之类的零件（史耀耀等，2010）。荷兰代尔夫特理工大学搭建了机器人辅助缠绕/缝合/焊接工作站，用于复合材料制品缠绕及其他工艺研究。国内哈尔滨理工大学与哈尔滨工业大学机器人集体合作研发了国内首套机器人缠绕工作站，用于弯管、三通等复杂形状复合材料制品缠绕。我国在机器人缠绕轨迹设计、分析及后处理，以及机器人缠绕 CAD/CAM 软件研究等方面还处于起步阶段。

第2章 纤维缠绕线型设计基础

2.1 复合材料压力容器的缠绕线型

复合材料压力容器的缠绕成型是指将浸润过树脂的纤维按照一定的规律均匀连续地缠绕到芯模表面,保证纤维的排布既不重叠又没有缝隙,然后进行固化成型。

根据纤维在模具上的排布特点,可以将缠绕工艺分为环向缠绕、螺旋缠绕和纵向缠绕三种。

在环向缠绕过程中,芯模绕主轴旋转一周,丝嘴沿轴向移动一个带宽,使纤维能够均匀地布满芯模筒身段,如图 2.1 所示。理论上环向缠绕角度为90°,实际缠绕中为了保证芯模旋转一周时丝嘴能够沿轴向移动一个带宽,实际缠绕角度小于90°。根据纤维的带宽和压力容器的尺寸,缠绕角通常在85°~90°。由环向缠绕的工艺特点可知,环向缠绕无法加强压力容器封头段的径向受力,封头段不能进行环向缠绕,因此在实际缠绕过程中采用环向缠绕与螺旋缠绕相结合的方式。

图 2.1 环向缠绕示意图

在螺旋缠绕过程中,丝嘴随着芯模的回转运动沿轴向往复移动,相邻纤维相接但不相交,其中丝嘴的运动和主轴的旋转是按照一定线型设计的规律计算得出的,如图 2.2 所示。工艺参数的变化对产品性能影响很大,螺旋缠绕的缠绕角通常在5°~80°,因此纤维缠绕具有很强的可设计性。

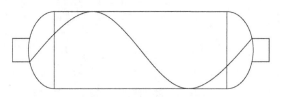

图 2.2 螺旋缠绕示意图

纵向缠绕适用于短而粗的壳体，如图 2.3 所示。在缠绕过程中，丝嘴在固定平面内绕芯模做匀速圆周运动，芯模随主轴慢速旋转。芯模表面纵向缠绕的特征在于，缠绕在芯模表面上纤维的轨迹类似于平坦的闭合曲线，因此纵向缠绕也称为平面缠绕。纵向缠绕的缠绕角通常在 0°～25°。筒身段缠绕角可用式（2.1）计算：

$$\tan \alpha_0 = \frac{r_1 + r_2}{l_{e1} + l_c + l_{e2}} \tag{2.1}$$

当两封头极孔相同时，有

$$\tan \alpha_0 = \frac{2r}{2l_e + l_c} \tag{2.2}$$

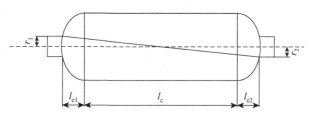

图 2.3　纵向缠绕示意图

根据缠绕轨迹不同，可将纤维缠绕分为测地线缠绕和非测地线缠绕。

测地线是由曲面上任意两点之间的最短距离连接而成的曲线，按照测地线缠绕可以使纤维最为稳定，不产生滑线。但是，测地线完全由芯模尺寸决定，一旦芯模形状发生改变，缠绕线型也要随之改变，很大程度上限制了线型设计。在实际缠绕过程中，纤维与芯模之间存在摩擦力，因此纤维缠绕轨迹可以在一定程度上偏离测地线轨迹，即非测地线缠绕。非测地线缠绕可使复合材料纤维缠绕线型设计更加灵活，在满足稳定不滑线和不重叠、不留缝地布满芯模表面要求的同时，可以提高压力容器的强度（王耀先，2012）。

2.1.1　测地线

在测地线缠绕过程中，纤维在筒身段和封头段都进行缠绕。其缠绕过程为：纤维从压力容器某一端极孔圆周上一点开始缠绕，按照设计的轨迹，纤维沿着封头曲面与极孔相切进入筒身段，在筒身段保持恒定的缠绕角进入另一侧封头，在与另一侧极孔相切后返回筒身段，最后回到一开始缠绕的封头，完成一个循环。按照这样的规律，相同方向相邻纱片在筒身段错开一个纱宽。当芯模表面均匀布满纤维时，程序停止运行。测地线缠绕的轨迹是由筒身段螺旋线和封头上与极孔相切的空间曲线所组成的，即在缠绕过程中，纱片在一侧以右旋螺纹缠到芯模上，返回时，则在另一侧以左旋螺纹缠到芯模上。

测地线缠绕的特点是每条纤维都对应极孔圆周上的一个切点；相同方向邻近纱片之间相接而不相交。因此，当纤维均匀缠满内衬表面时，就形成了双纤维层，与扁平钢带缠绕比较相似。

在确定芯模的几何形状能够进行测地线缠绕后，该芯模上的测地线缠绕线型也唯一确定。其中，缠绕中心角由芯模的几何形状计算得出，速比、整体线型分别由式（2.4）和式（2.5）确定。

（1）缠绕中心角：

$$\theta = \int_{r_0}^{r} \frac{r_0 \sqrt{1 + z'^2(r)}}{r \sqrt{r^2 - r_0^2}} \mathrm{d}r \tag{2.3}$$

（2）速比：

$$i = \frac{\theta}{360} \tag{2.4}$$

（3）整体线型：

$$\frac{K}{n} = \frac{i-1}{2} \tag{2.5}$$

式中，$z(r)$ 为子午线方程；n 为圆周的等分数；K 为两基准线间缠绕纤维走过的圆周等分数。

已知 n、K 以及基准线的位置，芯模的整体线型就可以预先描绘出来（黄毓圣，1983）。

在工艺上，一般采用测地线轨迹进行缠绕。沿测地线轨迹缠绕最稳定且容易计算，但该线型存在一些局限性：

（1）缠绕角不可控制，缺乏相应的可调整性和可设计性。芯模的几何形状一旦确定，相应的壳体缠绕轨迹也随之确定；

（2）不等极孔容器或有限长圆管、圆筒等无法完全用测地线缠绕；

（3）测地线无法充分发挥纤维的力学性能，可能导致环向承载能力富余而轴向承载能力不足（穆建桥，2017）。

2.1.2 非测地线

相比于测地线缠绕，非测地线缠绕可设计空间就比较广阔，对于一些形状复杂的芯模，如不等极孔容器，或者面临需要对压力容器进行过渡缠绕等特殊要求时，都可以通过非测地线缠绕实现。

当芯模左右不对称或者两极孔不相等时，测地线缠绕无法实现对整个芯模进行完全缠绕。但是，由于芯模表面摩擦力的存在，在偏离测地线的一定范围内沿非测地线缠绕，在工程上也可以实现稳定缠绕。由于线型不唯一，对同一芯模，其整体线型、速比、缠绕中心角总和也不是唯一的，但人为设计仍需参照计算的值作为选取非测地线稳定缠绕的缠绕中心角总和的依据，并校核各曲面段连接处的稳定条件之后确定。在缠绕时还要控制丝嘴的运动，使纱线落在计算好的线型轨迹上（Zu et al.，2019）。

非测地线缠绕角微分方程如下：

$$\frac{\mathrm{d}\alpha}{\mathrm{d}z} = \lambda \frac{-r''r\cos^2\alpha + \sin\alpha}{A^3r\cos^2\alpha + Ar\sin^2\alpha} - \frac{r'}{r}\tan\alpha \tag{2.6}$$

式中，λ 为滑线系数；α 为缠绕角；r 为回转半径；r' 和 r'' 分别为回转截面半径对芯模轴线坐标 z 的一阶导数和二阶导数；$A = \sqrt{1+r'^2}$。

当 $\lambda \neq 0$ 时，求解方程（2.6）可以获得非测地线缠绕角沿着芯模轴线方向的变化规律。

如图2.4所示，图中 A-P-B 曲线是纤维轨迹线，θ 是纤维轨迹上任意一点对应的芯模转角，R 是筒身段半径，α 是纤维轨迹上 P 点对应的缠绕角。

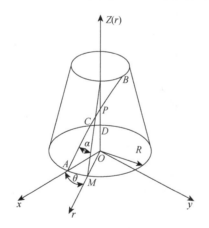

图2.4　纤维轨迹几何关系示意图

图2.5中，φ 是纤维轨迹上 P 点对应的子午线的曲率半径与 r 轴的夹角，由图2.5可知：

$$\mathrm{d}s = r\mathrm{d}\varphi \tag{2.7}$$

式中，$\mathrm{d}s$ 为封头子午线在 P 点弧长的微分；r 为封头子午线在 P 点的曲率半径；$\mathrm{d}\varphi$ 为封头子午线在 P 点曲率半径方向与 r 轴夹角的微分。

由图2.6可知

$$\mathrm{d}r = \mathrm{d}s\cos\varphi = r\mathrm{d}\varphi\cos\varphi \tag{2.8}$$

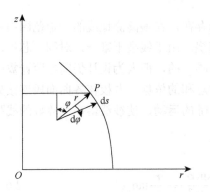

图 2.5 封头 zOr 平面内子午线示意图

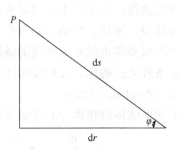

图 2.6 P 点弧长微分示意图

由图 2.7 所示，$AM = r\mathrm{d}\theta, \tan\alpha = \dfrac{AM}{\mathrm{d}s}$，结合式（2.7）和式（2.8）可得

$$\mathrm{d}\theta = \frac{\tan\alpha}{r\cos\varphi}\mathrm{d}r \qquad (2.9)$$

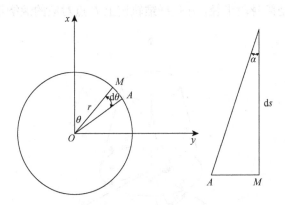

图 2.7 缠绕角与芯模转角几何关系示意图

由三角函数关系可知

$$\cos\varphi = \frac{1}{\sqrt{1+\tan^2\varphi}} = \frac{1}{\sqrt{1+r'^2}} \qquad (2.10)$$

将式（2.10）代入式（2.9），可得

$$\frac{\mathrm{d}\theta}{\mathrm{d}r} = \frac{\tan\alpha\sqrt{1+r'^2}}{r} \qquad (2.11)$$

联立式（2.6）和式（2.11）可以得出缠绕角和芯模转角在轴线方向的变化规律（郭凯特等，2019）。

2.2   缠绕轨迹的稳定性

2.2.1   纤维受力特点

复合材料压力容器在设计时，当纤维的缠绕轨迹沿着主应力方向时，能够最大限度地发挥纤维的力学性能。然而，在工艺实现过程中，首先要保证纤维能实现稳定缠绕。纤维在芯模表面的受力有以下几种（苏红涛等，1998）：

（1）纤维两端的张力 T；

（2）纤维与曲面间的摩擦力 f_w；

（3）芯模表面对纤维的支反力 F_N。

要使纤维实现稳定缠绕，需要满足两个条件：

（1）不架空条件，即纤维在缠绕过程中紧贴在芯模表面，与芯模外表面接触良好，不脱离芯模；

（2）不滑线条件，即在缠绕过程中能够按照设计轨迹将纤维均匀布满芯模表面，不产生滑动而偏离设计轨迹。

2.2.2   不架空条件

如图 2.8 所示，曲面上的主曲率分别为 u 和 θ，曲面法线为 n，其上 ds 为纱线微元，与经线 u 的夹角即为缠绕角 α。根据曲面微分几何，纱线微元 ds 的曲率为

$$k_\alpha = k_u \cos^2 \alpha + k_\theta \sin^2 \alpha \qquad (2.12)$$

式中，k_u 为经线的曲率；k_θ 为纬线的曲率；k_α 为缠绕角为 α 时纱线的曲率。

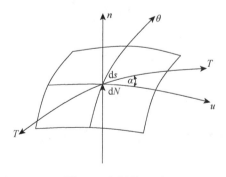

图 2.8   分析微元面

由缠绕张力与曲面对纱线的摩擦力可知

$$\frac{\mathrm{d}N}{\mathrm{d}s} = k_\alpha T \tag{2.13}$$

当带宽为 b 时，缠绕张力对芯模表面产生的压力为

$$p = \frac{\mathrm{d}N}{b\mathrm{d}s} = \frac{T(k_u \cos^2\alpha + k_\theta \sin^2\alpha)}{b} \tag{2.14}$$

根据式（2.14），可分为以下三种情况：

（1）当 $k_u = k_\theta = 0$ 时，曲面为平面，无论缠绕角多大，缠绕张力对曲面不产生压力；

（2）当 $k_u < 0$、$k_\theta < 0$ 时，相当于在负曲面上缠绕，无论缠绕角多大，都会产生架空；

（3）当 $k_u k_\theta < 0$ 时，曲面为负高斯曲面，当满足

$$\tan^2\alpha \leqslant -\frac{k_u}{k_\theta} \tag{2.15}$$

时曲面产生架空，通常是在不同直径的过渡段会出现这种现象（李勇和肖军，2002）。

2.2.3　不滑线条件

在张力的作用下，微元段曲线在曲面上受力处于平衡状态。缠绕在芯模表面的纤维上任意一点在曲率半径方向的受力可以分解为垂直于芯模表面、沿该点主法向量负方向的法向力 f_n 和与该点切线方向垂直的横向力 f_g（图2.9），该横向力使得纤维在缠绕过程中出现滑线的趋势（冷兴武，1982，1985）。

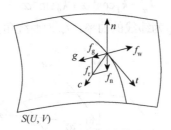

图2.9　曲面上微元受力分析图

为了表征在缠绕过程中纤维是否出现滑移，引入滑线系数：

$$\lambda = \frac{f_g}{f_n} = \frac{k_g}{k_n} \tag{2.16}$$

式中，f_n、f_g 分别为法向力、横向力；k_g、k_n 分别为纤维上一点的测地曲率和法曲率。

在纤维缠绕过程中，纤维与芯模表面存在摩擦，横向力 f_g 与摩擦力 f_w 的方向

相反，因此要使纤维在缠绕过程中保持稳定、不发生滑线，横向力应该小于最大摩擦力（刘萌等，2018）。

纤维在芯模上某一点所受到的最大摩擦力为

$$|f_w| = \mu_s |f_n| \qquad (2.17)$$

式中，μ_s 为最大静摩擦系数。

因此，曲线在曲面不产生滑移，稳定缠绕的条件为

$$|f_g| \leqslant \mu_s |f_n| \qquad (2.18)$$

$$\lambda \leqslant \mu_s \qquad (2.19)$$

2.3 线型设计与仿真软件

2.3.1 国内设计仿真软件

1. HFUTWIND

缠绕仿真软件 HFUTWIND 是由合肥工业大学飞行器制造工程系自主研发的，它通过将仿真与工艺相结合更好地对复合材料压力容器进行设计。在设计方面，通过细观力学计算得到复合材料的各个参数，通过网格理论与层合板理论对压力容器进行设计，在得到基本缠绕层数后，进行整体的强度校核。通过计算得出纵向和环向各自承受的压强，从而判断设计的铺层数是否满足条件。除此之外，该软件还可以估算纤维和树脂的用量。

在工艺方面，HFUTWIND 软件不仅适用于各种轴对称回转体，对于截面非对称的几何体也在积极探索实践中。HFUTWIND 软件能够准确模拟缠绕过程中的动态仿真，包括丝嘴的运动和主轴的旋转，在动态仿真过程中可清楚地看到切点数、交叉点数等线型的花纹特征。

软件等封头界面如图 2.10 所示，通过输入芯模的基本参数以及设计参数，可得到缠绕线型，生成在目标缠绕机上运行的程序。

2. WINDSOFT

哈尔滨工业大学缠绕技术研究所开发了不同系列、不同规格的多种数控纤维缠绕设备，它在纤维缠绕设备研制和纤维缠绕软件开发方面处于国内领先地位，并在纤维缠绕成型技术方面积累了丰富的经验。经过不断对开发的缠绕软件进行改进和完善，以及对多种型号缠绕设备的研制，WINDSOFT 软件已经可以对纤维缠绕的线型进行生成和优化（富宏亚等，1996）。

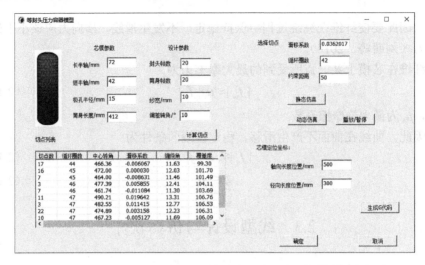

图 2.10　等封头界面

WINDSOFT 软件 CAD/CAM 系统的组成及功能框图如图 2.11 所示，其主要由两部分组成：CAD 模块和 CAM 模块。CAD 模块主要完成芯模轮廓形状和线型设计，为 CAM 提供相应的控制数据，包括几何造型、线型设计与优化、线型仿真和结构设计。CAM 模块的主要功能是根据线型数据生成芯模与丝嘴的运动关系，确定丝嘴的运动路线，并能消除积累误差，进行干涉检查，自动生成可以为数控缠绕机接收的 NC 代码，以及进行缠绕成型过程的计算机图形仿真等，包括丝嘴轨迹设计、各坐标运动轨迹生成与误差处理、加工仿真与干涉检查以及后处理。

图 2.11　WINDSOFT 软件 CAD/CAM 系统的组成及功能框图

2.3.2　国外设计仿真软件

1. CADFIL

CADFIL 软件是由英国 Crescent Consultants 公司研发的，该公司成立于 1983 年，一直致力于研究缠绕领域的软件开发。CADFIL 软件在世界范围内被很多复合材料领域的公司所使用，应用包括压力容器和其他一般对称形状、超高性能压力球、非圆形杆件和桅杆。CADFIL 软件可与任何类型的缠绕设备配合使用，并且可以完全由用户配置。另外，所有 CADFIL 软件都使用 Windows 在标准 PC 硬件上运行。利用 CADFIL 软件可以在最短的时间内创建高性能复合材料结构件。

　　CADFIL 软件由几大独立的模块组成，模块间通过一个相同的文件结构联系起来。这几大独立的模块主要包括几何形体建模、曲面网格产生、纱带迹线开发、绕丝嘴路线产生和后处理。CADFIL 软件的界面如图 2.12 所示。

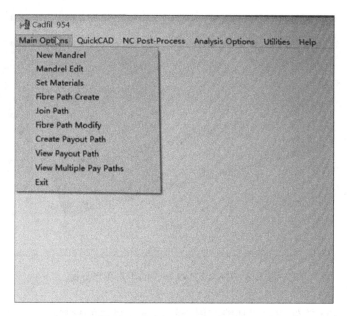

图 2.12　CADFIL 软件的界面

　　系统通过几何形体输入端口输入轴的位置和截面每一变化处的直径完成芯模几何形状的建立，再根据网格化算法产生一个有关各个节点和节点间连接线的文件。根据用户输入轴的缠绕起点位置和纱带方向，软件可以按照测地线要求计算出缠绕路径的位置。通过定义一个确定绕丝嘴和芯模偏离量的控制面，防止丝嘴在芯模两端过度偏离。首先，用线性插值法确定纱带实际位置，用纱带切线和控制面的交点作为丝嘴位置；然后，通过丝嘴路径算法，利用上一阶段计算结果——缠绕路径文件逐步释放出缠绕路径坐标，直到发现第二个环向缠绕位置；接着，由第一个环向缠绕点镜射出第三个环向缠绕点，由第二个环向缠绕点镜射出第四个环向缠绕点，这样形成一个完整的芯模回路；最后，通过后处理把丝嘴路径的绝对坐标转化成适于在目标缠绕机上运行的零件程序（董雪琴和刘士华，2002）。

2. CADWIND

CADWIND 软件是由比利时材料工程有限公司（MATERIAL）开发的，是世界上广泛应用的纤维缠绕工艺设计模拟软件,是一个集 CAD/CAM/CAE 于一体的专业纤维缠绕工艺设计模拟系统。该软件不仅适用于压力容器、锥体、球体等轴对称回转体,对 T 形件、矩形截面和椭圆形截面的非轴对称几何体也同样适用。另外,该软件适用于各类机床,并可以根据不同缠绕机的数控语言实现缠绕程序的自动编写,其界面如图 2.13 所示。

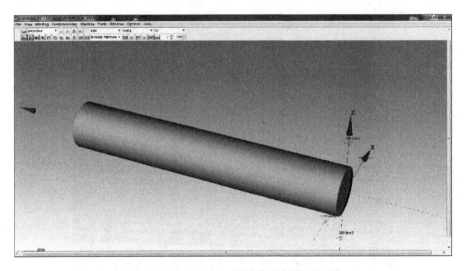

图 2.13　CADWIND 软件的用户图形界面

CADWIND 软件的主要功能有层合结构复合材料的材料设计、纤维缠绕线型设计、机床缠绕程序计算、缠绕产品的结构强度计算。CADWIND 软件不仅能给使用者提供不同缠绕线型设计分析功能、准确模拟实际缠绕过程中纤维滑纱、纤维架空等现象,以及模拟缠绕过程中机床的动态仿真、直观清晰地观察缠绕过程是否会发生机床运动干涉、输出机床各轴的位移、速度和加速度曲线图、准确地进行机床运动分析和程序检查,还能输出缠绕角、缠绕层厚度在轴向的分布情况。

除此之外,CADWIND 软件可以通过复合材料细观力学计算方法进行单层板材料力学性能的计算,并根据最大应力准则、最大应变准则、蔡-希尔(Tsai-Hill)准则、霍夫曼(Hoffman)准则、蔡-吴(Tsai-Wu)张量准则、Puck 准则、Hashin准则等进行载荷作用下层合材料的强度计算。

3. ComposicaD

ComposicaD 软件是由美国 Skinner & Associates 集团研发的,主要用于管道和管材、储罐和管状容器、任何圆柱形产品、三通管及管道的弯头处的缠绕。

ComposicaD 软件可用于所有类型的数控纤维缠绕机,并产生输出图案,其界面如图 2.14 所示。该软件还能控制其他参数，包括纤维张力、树脂池温度、芯轴压力以及其他参数，这些参数的设置伴随整个缠绕过程。ComposicaD 软件使用许多改进后的算法来计算纤维路径和机器的运作，它包含了一个材料数据库，既可以选取材料进行定义，同时可以设置纤维的一些基本参数，包括带宽、带厚度、最大滑移系数、纤维密度以及其他参数。通过这些参数可计算复合材料的重量、用过的纤维长度、消费成本以及缠绕时间。在缠绕线型方面，ComposicaD 软件可以在环、纵缠绕之间插入过渡缠绕，实现自动过渡；在计算方面，ComposicaD 软件含有基于网格理论的计算模块，能进行厚度预测和估算环向或螺旋向的爆破压强；在信息交互方面，ComposicaD 软件的有限元接口较多，交互方便，与 Abaqus 软件中的 WCM 插件有专门的接口。所以，ComposicaD 软件作为复合材料压力容器的缠绕软件具有独特的优势。

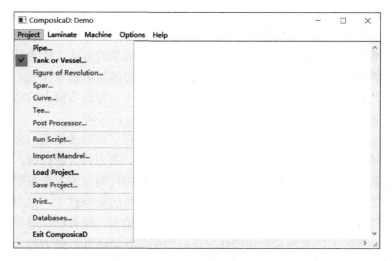

图 2.14　ComposicaD 软件界面

第3章 纤维缠绕工艺参数设计基础

3.1 缠 绕 张 力

压力容器纤维缠绕成型过程可分为干法缠绕成型工艺和湿法缠绕成型工艺。干法缠绕成型工艺是将连续纤维粗纱浸渍树脂加热，在一定温度下除去溶剂，使树脂胶液反应到一定程度后制成预浸带，然后将预浸带按照一定的规律缠绕在芯模上。用干法缠绕成型工艺缠绕压力容器时，工艺过程易于控制，可以控制较高的缠绕速度，且缠绕设备可以保持清洁，有较好的缠绕环境，生产出来的缠绕制品质量比较稳定。湿法缠绕成型工艺是将连续纤维纱或纤维布经过胶槽浸渍树脂后，在丝嘴的引导下直接缠绕在模具上，然后固化成型的方法。纱带是在浸渍树脂后直接缠绕在模具上，张力作用不稳定，因此纱带的质量很难保证。与干法缠绕成型工艺相比，湿法缠绕成型工艺缠绕的纤维在压力容器芯模上的稳定性差，因此湿法缠绕成型工艺的稳定性控制是缠绕顺利进行的保障。

在纤维缠绕过程中，张力控制纤维在芯模表面有足够的成型压力来完成指定线型的缠绕。同时，张力是影响含胶量的主要因素。张力的合理控制，不仅可以增大纤维的工作应力，还能发挥纤维的高强性能和提高制品的综合性能。张力是纤维缠绕工艺中的一个重要控制参数，它对制品性能的影响较大。张力过小，纤维缠绕在芯模表面的密实度降低，纤维丝束含胶量增大，随着缠绕进行会影响线型的稳定，同时大的含胶量会使固化完成后的制品性能降低。张力过大，会增大纤维的磨损，当磨损累积到一定程度时，纤维产生起毛现象，严重时纤维发生断裂。因此，张力大小的变化对制品性能的影响较为复杂，但目前尚未有精确的理论计算或优化方法，故在同等张力下复合材料基本力学性能的测试也就显得非常必要（惠鹏等，2018）。

复合材料压力容器在缠绕制造过程中需要对纤维施加一定张力，使纤维承受一定的预拉力。纤维张力的施加和稳定控制是保证制品的关键技术之一。一方面纤维张力的施加可以使纤维按设计线型缠绕，另一方面合适的张力对压力容器的质量和性能影响极大。在压力容器生产过程中，张力的控制影响着制品的力学性能、孔隙率、含胶量等。张力必须控制在合适范围内，如果张力过小，内衬在充压时得不到足够的束缚而变形过大，从而影响整个压力容器的疲劳性能，且制品纤维层强度降低；如果张力过大，会造成纤维丝束磨损增加，从而影响制品的强度。适当和平稳的张力可增强纤维构件承受内压的能力，提高其抗疲劳特性。尤其是在按摩擦机理设计的非测地线缠绕中，如果缠绕张力不稳定，则很难缠出预定的线型，甚至导致缠绕失败（张志坚等，2019）。

1. 张力对产品孔隙率的影响

缠绕过程施加张力在纤维上，张力会转化成曲面法向上的压力，即 $N=(T/r)\sin^2\alpha$。张力的大小在很大程度上控制了孔隙率，张力增大可以挤出存在于纤维和树脂间的空气，从而降低孔隙率。孔隙率越低，缠绕制品的性能越好。

2. 张力对含胶量的影响

在湿法缠绕中，随着缠绕张力增大，含胶量降低。由于张力施加转化成径向压力，内层的树脂被挤向外层，从而出现含胶量沿着壳体厚度方向分布不均匀的现象，主要规律表现为从内向外含胶量逐渐增大。采用干法缠绕或分层固化可有效降低含胶不均匀现象。

3. 纤维缠绕张力制度

压力容器缠绕过程中，随着层数的增加，外层施加的压力会作用在内层上，使内层发生压缩变形，纤维预应力降低，不同的预应力导致压力容器纤维层不能同时承载，且制品疲劳性能降低。为了使制品不出现内松外紧，且缠绕完毕后各层预应力值都为相同的初始预应力，缠绕时应采用逐层递减的张力制度。采用逐层递减的张力制度后，虽然外层纤维对已缠绕内层纤维仍有减弱初始张力的趋势，但因本身就和前一层减弱后的张力相同，这样就可以使所有的缠绕层自内向外都具有相同的初始张力和变形，从而使内外层纤维同时受力，避免内层纤维起褶皱和内衬产生屈服，进而提高制品的强度和抗疲劳性能。

纤维缠绕压力容器的爆破强度、体积变形率、疲劳次数、含胶量等都与所选择的初始张力及递减张力制度有关。为确定缠绕张力制度进行如下假设：假设压力容器环向缠绕层和螺旋缠绕层逐层交替排列，外层缠绕产生的压力由内压按厚度均匀地分担；内衬和环向纤维在内压作用下具有相同的变形；树脂固化时的收缩性，不会使纤维产生压缩变形；壳体厚度很小，因此采用金属圆筒的半径作为组合壳体的半径（赫晓东等，2015）。

最外层环向缠绕张力为 $T_{n\theta}$，最外层螺旋缠绕张力为 $T_{n\alpha}$，t_θ 和 t_α 为环向层和螺旋层的单层纤维厚度，σ_{Gi} 为纤维预应力最佳值。则

$$T_{n\theta} = \sigma_{Gi}t_\theta$$
$$T_{n\alpha} = \sigma_{Gi}t_\alpha \tag{3.1}$$

由于环向纤维第 n 层张力使第 $n-1$ 层张力减少，所以有

$$\Delta T_{\theta(n-1)} = \frac{T_{n\theta}t_\theta}{\dfrac{E_O}{E_G}t_O + (n-1)t_\theta + (n-1)t_\alpha \sin\alpha} \tag{3.2}$$

由于螺旋纤维第 n 层张力使第 $n-1$ 层张力减少，所以有

$$\Delta T_{\alpha(n-1)} = \frac{T_{n\alpha}t_\theta \sin\alpha}{\dfrac{E_O}{E_G}t_O + (n-1)t_\theta + (n-1)t_\alpha \sin\alpha} \tag{3.3}$$

第 $n-1$ 层环向张力为

$$T_{\theta(n-1)} = T_{n\theta} + \Delta T_{\theta(n-1)} + \Delta T_{\alpha(n-1)} \tag{3.4}$$

将式（3.2）、式（3.3）代入式（3.4），可得

$$T_{\theta(n-1)} = \frac{\left[\dfrac{E_O}{E_G}t_O + nt_\theta + \dfrac{T_{n\alpha}}{T_{n\theta}}t_\theta \sin\alpha + (n-1)t_\alpha \sin\alpha\right]T_{n\theta}}{\dfrac{E_O}{E_G}t_O + (n-1)t_\theta + (n-1)t_\alpha \sin\alpha} \tag{3.5}$$

由于 $t_\theta = \dfrac{t_{G\theta}}{n_\theta}, t_\alpha = \dfrac{t_{G\alpha}}{n_\alpha}, \dfrac{T_{n\alpha}}{T_{n\theta}} = \dfrac{t_\theta}{t_\alpha}$，代入式（3.5）可得第 $n-1$ 层环向缠绕张力为

$$T_{\theta(n-1)} = \frac{\left(\dfrac{E_O}{E_G}t_O + nt_\theta + t_\theta + t_\alpha \sin\alpha\right)T_{n\theta}}{\dfrac{E_O}{E_G}t_O + (n-1)t_\theta + (n-1)t_\alpha \sin\alpha} \tag{3.6}$$

同理，第 $n-2$ 层环向层的碳纤维缠绕张力为

$$T_{\theta(n-2)} = \frac{\left(\dfrac{E_O}{E_G}t_O + t_\theta + t_\alpha \sin\alpha\right)T_{n\theta}}{\dfrac{E_O}{E_G}t_O + (n-2)t_\theta + (n-2)t_\alpha \sin\alpha} \tag{3.7}$$

第 j 层环向纤维的缠绕张力 $T_{\theta j}$ 为

$$T_{\theta j} = \frac{\left(\dfrac{E_O}{E_G}t_O + t_\theta + t_\alpha \sin\alpha\right)T_{n\theta}}{\dfrac{E_O}{E_G}t_O + jt_\theta + jt_\alpha \sin\alpha} \tag{3.8}$$

或

$$T_{\theta j} = \frac{\left(\dfrac{E_O}{E_G}t_O + t_\theta + t_\alpha \sin\alpha\right)T_{n\theta}}{\dfrac{E_O}{E_G}t_O + jt_\theta + (j-1)t_\alpha \sin\alpha} \tag{3.9}$$

式（3.8）是最里层为螺旋缠绕的情况，式（3.9）是最里层为环向缠绕的情况。第 j 层环向缠绕每股纤维缠绕张力为

$$\frac{T_{\theta j}}{t_\theta} A = \frac{\dfrac{E_O}{E_G} t_O + t_\theta + t_\alpha \sin \alpha}{\dfrac{E_O}{E_G} t_O + j t_\theta + j t_\alpha \sin \alpha} A \sigma_{Gi} \qquad (3.10)$$

或

$$\frac{T_{\theta j}}{t_\theta} A = \frac{\dfrac{E_O}{E_G} t_O + t_\theta + t_\alpha \sin \alpha}{\dfrac{E_O}{E_G} t_O + j t_\theta + (j-1) t_\alpha \sin \alpha} A \sigma_{Gi} \qquad (3.11)$$

式（3.10）和式（3.11）分别对应式（3.8）和式（3.9）。

计算张力时不仅要根据张力制度计算公式计算张力，还需要综合考虑浸胶和含胶量的控制等因素。在实际生产过程中，大尺寸的压力容器通常每缠绕 2～3 层递减一次，降幅为几层按张力递减公式积累的递减幅的总和，张力制度的确定和施加有助于压力容器在使用过程中最大化地增加纤维使用率（沈春锋等，2020；许家忠等，2019）。

3.2　固化工艺及控制

缠绕制品传统的固化设备有固化炉和热压罐。近年来新型固化技术（包括红外加热、电磁加热、紫外线固化、电子束固化、激光固化、内加热固化等）也取得了显著的成果和应用，且开展了多种不同固化成型的理论及技术研究。研究方向主要集中在纤维缠绕复合材料固化工艺过程的数值模拟和实验研究、成型复合材料性能测试以及对比分析等方面（陶家祥，2016）。

固化制度是保证压力容器制品充分固化的重要条件，直接影响制品的物理性能和其他性能。加热固化制度包括加热温度、升温速率、保温时间和降温冷却。

1. 加热温度

固化可分为常温固化和加热固化。随着固化过程的进行，高分子物质的分子量增大、分子运动困难、位阻效应增大、活化能增高，需要加热到较高温度时才能发生反应，加热可以增加制品固化度。相对于常温固化，加热固化还可缩短固化周期、提高生产率，加热固化强度可至少提高 20%。

2. 升温速率

固化升温速率是固化过程的重要参数，因此需要保证其平稳性并严格控制升

温速率。升温速率太快，由于化学反应激烈，溶剂等低分子物质急剧逸出而形成大量气泡。通常，当低分子变成高分子或液态转变成固态时，体积都要收缩。如果温升过快，由于复合材料热导率小，各部位间的温差必然很大，所以各部位的固化速度和程度必然不一致，收缩不均衡。内应力作用可使制品变形或开裂，所以形状复杂的厚壁制品更加严重。升温速率过慢会延长固化周期，降低生产效率。工程上通常采用的升温速率为 0.5~1℃/min。

3. 保温时间

升温过后保温一段时间可使树脂充分固化，产品内部收缩均衡。保温时间的长短不仅与树脂系统的性质有关，还与压力容器制品的质量、形状、尺寸及构造有关。一般压力容器制品热容量越大，保温时间越长。

4. 降温冷却

降温过程和升温过程类似，需要控制稳定性和速率，以保证降温速率缓慢均匀。复合材料压力容器中，纤维方向和垂直纤维方向存在着较大的热膨胀系数差异，如果降温速率过快，各部分收缩不一致，垂直纤维方向将受到较大的拉应力。抗拉伸强度较低，会导致复合材料层表面发生开裂破坏（廖国锋等，2021）。

树脂经过固化后，并不能全部转化为不溶不熔的固化产物，即固化度不可能达到 100%，通常固化度超过 85%认为固化完全。但容器制品的其他性能，如耐老化性能、耐热性等尚未达到应有的指标。在此基础上，提高制品的固化程度，可以使制品的耐化学腐蚀性、热变形温度、电性能和表面硬度提高，但会使冲击强度、弯曲强度和拉伸强度稍有下降。因此，不同的复合材料制品需要根据不同的性能要求和树脂体系制定不同的固化制度。相同的树脂体系，如果要求高温使用，则应有较高的固化度；对强度要求高，有适宜的固化度即可；兼顾制品其他性能（如耐腐蚀、耐老化等），固化度应适中。不同树脂系统的固化制度不一样，如环氧树脂系统的固化温度，随环氧树脂及固化剂的品种和类型不同而有很大差异。对各种树脂配方没有一个广泛适用的固化制度，只能根据不同树脂配方、制品的性能要求，并考虑到制品的形状、尺寸及构造情况，通过实验确定出合理的固化制度，才能得到高质量的制品。

对于较厚的缠绕制品，可采用分层固化工艺。其工艺过程如下：先在内衬缠绕形成一定厚度的缠绕层，然后使其固化，冷却至室温后，再对表面打磨喷胶，缠绕第二次。依次类推，直至缠到设计所要求的强度及缠绕层数。

分层固化有以下优点（潘浩东等，2020）。

（1）可以削去环向应力沿筒壁分布的高峰。从力学角度看，对于筒形容器，就好像把一个厚壁容器变成几个紧套在一起的薄壁容器组合体。由于缠绕张力使外筒壁出现环向拉应力，而内筒壁产生压应力，所以在容器内壁上因内压荷载所产生的拉应力，就可被套筒压缩产生的压应力抵消一部分。

（2）提高纤维初始张力，避免容器体积变形率增大，纤维疲劳强度下降。根据缠绕张力制度，张力应逐层递减。如果容器壁较厚，则缠绕层数必然很多。这样，缠绕张力偏低，导致容器体积变形率增大，疲劳强度下降，采用分层固化，就可避免此缺点。

（3）可以保证容器内、外质量的均匀性。从工艺角度看，随着容器壁厚增加，制品内、外质量不均匀性增大，特别是湿法缠绕。由于缠绕张力的作用，胶液将由里向外迁移，因此树脂含量沿壁厚方向不均匀，并且内层树脂系统中的溶剂向外挥发困难，易形成大量气泡。采用分层固化，容器中纤维的位置能及时得到固定，不致使纤维发生皱褶和松散，树脂也不会在层间流失，从而减缓了树脂含量沿壁厚方向不均的现象，并有利于溶剂的挥发，保证了容器内、外质量的均匀性。

3.3　大张力缠绕工艺

常规张力缠绕技术与大张力缠绕工艺流程基本相似，通常都是采用湿法缠绕成型工艺。大张力缠绕工艺是在传统的缠绕机上装备磁粉制动器，并配备先进的纤维纱带传动系统。常规张力缠绕压力容器的力学分析通常采用经典网格理论，合理设计纤维缠绕角度、缠绕线型和缠绕厚度，可以实现制品的等强度设计，保证制品在承受内压情况下的安全（郭凯特等，2020）。

国内外对大张力缠绕技术理论研究和工艺探索较少，设计常规张力纤维缠绕的主要目的是在制备过程中获得制品的预应力。大张力缠绕通常采用环向缠绕，并且大张力纤维缠绕制品的设计通常采用解析分析和数值分析相结合的方式。此外，大张力缠绕工艺过程中当前缠绕层会对前面已缠绕层的应力产生影响，当缠绕层厚度较厚时，外层纤维的缠绕对内层纤维的作用更加明显。因此，对大张力纤维缠绕结构进行力学分析和结构设计时，应对每一个缠绕层进行单独分析，获得缠绕张力和制品实际应力之间的关系，保证制品设计合理。

大张力缠绕的关键点如下：

（1）张力控制系统必须稳定可靠，纤维实际张力波动过大会严重影响容器预压应力及综合性能。采用先进的控制系统能保证缠绕制品具有较高的同轴度和产品质量。此外，大张力缠绕实验前需要进行张力标定，保证缠绕张力的准确性和稳定性。

（2）针对工艺要求改进缠绕机，尽量减少纤维从纱辊到芯模传程中的滑动摩擦，并采用滚动摩擦来降低纤维起毛磨损现象。

（3）缠绕机丝嘴的展纱效果对缠绕质量有一定影响，展纱宽度必须保持稳定均匀，缠绕过程中纤维带之间的重叠、缝隙及非均匀铺满均会影响制品质量。

（4）缠绕过程应及时刮胶，因为复合材料层含胶量的减小能降低固化过程中流胶对预应力的影响；缠绕完成后应及时旋转固化，减少预压应力的放松。

（5）操作人员应有丰富的大张力纤维缠绕经验，包括程序的有效设定、配胶时间的把握、实时刮胶、处理缠绕过程中的起毛以及固化前后的处理。

下面对剩余张力解析计算进行简单说明。

缠绕层缠绕在圆环上，设圆环内径为 R_i，外径为 R_j，缠绕层厚度为 h。在缠绕张力引起的外压作用下，芯模外表面与内层纤维之间密切接触，接触面上的径向位移和径向应力连续，可由此建立方程来计算缠绕层与芯模的应力。缠绕层与芯模的微元体均满足平衡方程：

$$\frac{\mathrm{d}\sigma_r}{\mathrm{d}r} + \frac{\sigma_r - \sigma_\theta}{r} = 0 \qquad (3.12)$$

式中，σ_r 为径向应力；σ_θ 为环向应力。

对芯模进行分析，得到芯模的径向位移和径向应力如下：

$$\begin{cases} u_r = Ar + \dfrac{B}{r} \\[2mm] \sigma_r = E_1\left(\dfrac{1}{1-\mu_1} \cdot A - \dfrac{1}{1+\mu_1} \cdot \dfrac{B}{r^2}\right) \end{cases} \qquad (3.13)$$

式中，A、B 为常数；E_1、μ_1 分别为芯模的弹性模量和泊松比。

芯模内表面上径向压力 $\sigma_{Ri} = 0$，外表面上径向压力 $\sigma_{Rj} = -p_1$，p_1 为缠绕层产生的径向背压，由于接触面上应力连续，设常数 K 为

$$K = \frac{\sigma_r}{\mu_r}, \quad r = R_j \qquad (3.14)$$

将式（3.13）及芯模内外表面上的径向应力代入式（3.14），可以得到常数 K 为

$$K = \frac{(R_j^2 - R_i^2) \cdot E_1}{R_j[R_j^2 \cdot (1-\mu_1) + R_i^2 \cdot (1+\mu_1)]} \qquad (3.15)$$

对于缠绕层，其应力应变关系可以表示为

$$\begin{bmatrix} \sigma_z' \\ \sigma_\theta' \\ \sigma_r' \end{bmatrix} = \lambda \begin{bmatrix} 1-\mu_1 & \mu_2 & \mu_2 \\ \mu_2 & 1-\mu_2 & \mu_2 \\ \mu_2 & \mu_2 & 1-\mu_2 \end{bmatrix} \cdot \begin{bmatrix} \varepsilon_z' \\ \varepsilon_\theta' \\ \varepsilon_r' \end{bmatrix} \qquad (3.16)$$

式中，$\lambda = \dfrac{E_2}{(1-2\mu_2)(1+\mu_2)}$，其中 E_2 和 μ_2 分别是缠绕层的弹性模量（纤维方向）和泊松比。由于变形较小，可以利用小变形理论，得到缠绕层的位移应变满足以下关系：

$$\begin{cases} \varepsilon_z' = \dfrac{\mathrm{d}u_z'}{\mathrm{d}z} \\[2mm] \varepsilon_\theta' = \dfrac{\mathrm{d}u_r'}{\mathrm{d}r} \\[2mm] \varepsilon_r' = \dfrac{\mathrm{d}u_r'}{\mathrm{d}r} \end{cases} \tag{3.17}$$

将式（3.12）、式（3.16）和式（3.17）联立，得到缠绕层的应力表达式为

$$\begin{cases} \sigma_z' = 2\lambda\mu_2 A' \\[2mm] \sigma_\theta' = \lambda\left[A' + (1-2\mu_2)\cdot\dfrac{B'}{r^2} \right] \\[2mm] \sigma_r' = \lambda\left[A' - (1-2\mu_2)\cdot\dfrac{B'}{r^2} \right] \end{cases} \tag{3.18}$$

式中，A'、B' 为常数；缠绕层与芯模接触面上径向应力和位移连续，因此缠绕层接触面上也满足方程 $K = \dfrac{\sigma_r}{\mu_r}(r=R_{\mathrm{j}})$，缠绕层外表面径向压力 $\sigma_r'|r=R_{\mathrm{j}}+h=-p$，结合式（3.15）得到缠绕层环向应力表达为

$$\sigma_\theta' = \frac{-1 + H\cdot R_{\mathrm{j}}^2/r^2}{1 + H\cdot R_{\mathrm{j}}^2/R_{\mathrm{i}}^2}\cdot p \tag{3.19}$$

式中，

$$H = \frac{(1-2\mu_2)\eta - \gamma}{\eta + \gamma} \tag{3.20}$$

$$\eta = \left(1 - \frac{R_{\mathrm{i}}^2}{R_{\mathrm{j}}^2} \right)\cdot(1+\mu_2)/(1+\mu_1) \tag{3.21}$$

$$\gamma = \left(1 + \frac{R_{\mathrm{i}}^2}{R_{\mathrm{j}}^2} - 2\mu_1 \right)\cdot\frac{E_2}{E_1} \tag{3.22}$$

由式（3.19）可以看出，缠绕层剩余环向应力与外压 p 以及缠绕层半径有关，而外压 p 是指在缠绕过程中外层缠绕张力产生的径向压力，随着缠绕层数的增加，外层缠绕张力产生的径向压力逐渐变大，内层剩余环向应力不断减小。

缠绕层内半径为 r 处的环向应力下降 $\Delta\sigma(r)$ 是由半径 r 以外的缠绕层总剩余环向应力产生的径向外压引起的，故 $p = \displaystyle\int_r^{R_{\mathrm{j}}+h}\frac{\sigma(r)}{\delta}\frac{\mathrm{d}r}{r}$，其中 δ 为缠绕层单层厚度，此时有

$$\Delta\sigma_r = \frac{-1 + H\cdot R_{\mathrm{j}}^2/r^2}{1 + H\cdot R_{\mathrm{j}}^2/r^2}\cdot\int_r^{R_{\mathrm{j}}+h}\frac{\sigma(\rho)}{\delta r}\cdot\mathrm{d}\rho \tag{3.23}$$

为方便计算，设 $x = r/R_{\mathrm{j}}$，$m = (R_{\mathrm{j}}+h)/R_{\mathrm{j}}$，计算出张力放松量，并与初始张力进行叠加，得到缠绕层的剩余张力为

$$\sigma(x) = T(x) + \int_x^m \sigma(\rho) \cdot \mathrm{d}\rho \cdot \frac{H - x^2}{x(H + x^2)} \qquad (3.24)$$

式中，$T(x)$ 为缠绕层的初始张力；$\sigma(x)$ 为缠绕层的剩余张力。

　　由于此时缠绕为恒定张力缠绕，缠绕层的初始张力都相等，即 $T(x) = T_0$，在缠绕层的最外层，即 $x = m$ 处，缠绕层不受张力放松影响，此时 $\sigma(m) = T_0$，将这两个条件代入式（3.24），就可以得到缠绕层剩余张力表达式为

$$\sigma(x) = T_0 \cdot \left[\frac{1}{2} \cdot \ln\left(\frac{H + m^2}{H + x^2} \right) - \frac{x^2}{x^2 - H} \right] \cdot \frac{H - x^2}{x^2} \qquad (3.25)$$

　　由缠绕张力与等效背压之间的关系有

$$p = \frac{F \cdot \sin\theta}{w \cdot R} = \frac{\sigma \cdot h \cdot \sin\theta}{R} \qquad (3.26)$$

　　根据缠绕层每层的半径得到缠绕层每层的 x，即可求出缠绕层每层剩余应力，也就能求得每次预固化层产生的总背压。

　　从式（3.24）～式（3.26）可以看出，当确定了每层的初始缠绕张力后，可以通过通解公式求解缠绕完成后的每层剩余应力，对于大张力缠绕结构，使用理论解析方法能够初步对芯模缠绕模型的剩余应力分布进行计算，对内部缠绕层的环向应力和径向应力的分布做出预测，以此合理设计缠绕初始张力梯度（魏喜龙等，2011）。

3.4　干法缠绕工艺参数设计与控制

　　在缠绕前预先将纤维制成预浸带，然后缠在卷盘上待用，使用时使预浸带加热软化后缠绕在内衬容器上。采用干法缠绕成型工艺制成的制品质量比较稳定，工艺过程容易控制，设备较清洁，缠绕速度快（速度可达 100～200m/min），很容易实现机械化、自动化，但缠绕设备比较复杂，投资较大。

3.4.1　预浸带黏性表征

　　预浸料作为复合材料的中间材料，其黏性是一个重要的物理性能，也是用户关注的焦点之一，预浸料的黏性好坏甚至直接关系到能否用于某些复杂构型复合材料的制造。预浸料的黏性是一种外在的整体特性而不仅仅是表面属性，这主要取决于预浸料的黏弹性和单层预浸料的表面特征，而不是预浸料中树脂基的黏度属性。对于常规的手工铺贴，黏性过大，在缠绕过程中发生错位时不容易进行调整；黏性过低，预浸料不容易与工装贴合或层与层互相粘贴。因此，预浸料黏性在适宜的范围内，有助于提高预浸料的缠绕效率。

　　目前，国内外已经形成一些定量测量预浸料黏性的方法，如探针实验法、剥离

实验法和拉/压实验法。探针实验法和拉/压实验法的原理相同，都是在一定条件下通过平滑的接触面对预浸料表面施加稳定的压力并保持一段时间，然后以一定速率分离，利用分离过程表征预浸料的黏性大小。剥离实验法相对另外两种方法有三点优势，一是直观地通过已缠绕的预浸料进行测试，可以避免接触-分离式方法条件转化所带来的误差；二是可以测量预浸料的折弯刚度；三是在测试过程中可以更直观地观察到预浸料层间的黏结情况，因此剥离实验法更广泛地被用于进行预浸料的黏性研究。

测量预浸料剥离力需要根据具体成型工艺进行模具设计，并和小量程力学实验机配合使用。缠绕压力容器可设计环向剥离装置，结构简图如图 3.1 所示。在测量干法缠绕预浸料层间黏性时，由于预浸料双面都有黏性，剥离过程中预浸料与剥离轮毂 232 相接触的一面会引入黏性力的干扰因素，对实验目标力产生影响，因此在第一测试区 L_1 和第二测试区 L_2 保留背面衬纸，预浸料与背衬纸之间可认为无黏性，用来排除预浸料与剥离轮毂 232 之间因树脂黏合产生的黏性力。第一测试区剥离力 P_1 包含预浸料的折弯刚度因素和拉动模具旋转施加的旋转阻力。第二测试区与第一测试区类似，依然保留着预浸料背面的背衬纸，因此预浸料和剥离轮毂 232 之间无黏性。由于第二测试区和内圈之间无背衬纸，此测试区域测试的剥离力 P_2 包括预浸料的折弯刚度因素、拉动模具旋转施加的旋转阻力和预浸料层间黏性力。采用公式 $F_1=(P_2-P_1)/B$ 计算表征预浸料黏性的物理量，其中 B 为预浸料试样的宽度，并以计算出的物理量 F_1 作为预浸料在干法缠绕时通常条件下的层间黏性参数。测试原理如图 3.2 所示。利用两段测试区域的剥离力差值与

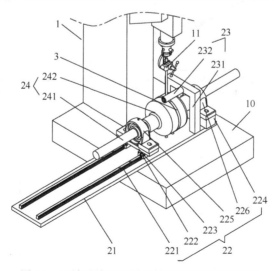

图 3.1　干法缠绕预浸料黏性测试环向剥离装置

1-万能实验机；10-下支座；11-夹头；21-底座；22-安装拆卸机构；221-直线导轨；222-滑块；
223-移动垫块；224-固定垫块；225-移动调心轴承；226-固定调心轴承；23-剥离定位机构；231-龙门架；
232-日剥离轮毂；24-旋转机构；241-转动轴；242-环向模具；3-预浸料

剥离力包含因素差值，可以计算出排除干扰力后用于表征预浸料层间黏性的物理量。干法缠绕环形件黏性力测试结果如图 3.3 所示，可初步找出缠绕工艺参数对层间黏性力的影响规律。

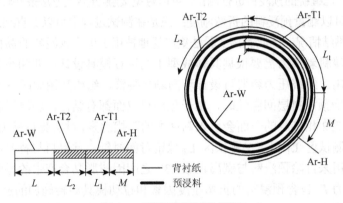

图 3.2　预浸料黏性测试原理

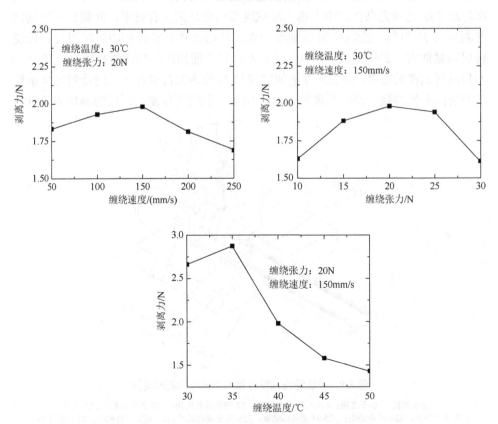

图 3.3　干法缠绕环形件黏性力测试

3.4.2　干法缠绕工艺窗口调控

缠绕工艺过程要控制缠绕张力、缠绕速度和加热温度等成型工艺参数，保证制品质量。以成型工艺参数为设计变量，从预浸料成型黏性和成型制品质量为调控目标，对缠绕工艺窗口进行调控，优化工艺参数。工艺上可采用同等直径的 NOL 环拉伸强度或层间剪切性能作为成型制品质量指标。

试样用单环缠绕法或圆筒切环法制作。单环缠绕法在单环模具上经缠绕、固化、表面加工、脱模即可。圆筒切环法的模具为圆筒，在圆筒上进行缠绕、固化、外表面加工、脱模、切割即制得环形试样。

1. NOL 环拉伸测试

将环形试样装在实验机的拉力盘上，以 1～2mm/min 的加载速度加载拉伸，直至试样破坏，记录破坏载荷，并计算强度和模量。环形件的内径 D 取 150mm，厚度 h 取 1.5mm，宽度 b 取 6mm。环形件拉伸强度的计算如下：

$$\sigma_t = \frac{p_b}{2b \cdot h} \tag{3.27}$$

式中，σ_t 为环形件拉伸强度，MPa；p_b 为破坏载荷，N；b 为试样宽度，mm；h 为试样厚度，mm。

2. NOL 环层间剪切性能

层间剪切样件可先制作环形样件，再将试样切割成固定长度的试样，长度 L 取 18～21mm。裁剪试样尺寸和测试加载简图如图 3.4 和图 3.5 所示，其中上压头半径为 3mm，加载速度为 1～2mm/min，记录破坏载荷。若试样发生弯曲、挤压等非层间剪切破坏，该试样作废。

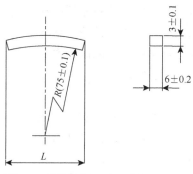

图 3.4　裁剪试样尺寸（单位：mm）

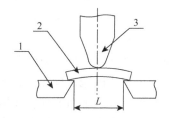

图 3.5　测试加载简图

1-滑动支座；2-试样；3-上压头；L-滑动支座间距

层间剪切强度的计算如下：

$$\tau_s = \frac{3F}{4b \cdot h} \qquad (3.28)$$

式中，τ_s 为层间剪切强度，MPa；F 为最大载荷，N；b 为试样宽度，mm；h 为试样厚度，mm。

设计实验方法可采用正交实验法和响应曲面法（response surface methodology，RSM）。

1）正交实验法

一般把影响实验结果的指标称为因素，把各因素的不同状态称为水平，这些因素是交织在一起影响实验结果的，为了寻求最优化因素，就必须对多种因素的不同水平进行实验。如果对所有因素的所有水平组合进行实验，会耗费大量人力、物力、财力和时间。正交实验法可以设计少量实验获取优化结果。

正交实验法是用"正交表"来安排和分析多因素问题实验的一种数理统计方法，先利用正交原理编写标准化正交表，再依托正交表的正交性从不同水平组合实验中挑选出部分具有代表性的图像序列进行实验，以最少的实验次数取得较全面的效果。最简单的正交表是 $L_4(2^3)$，见表 3.1，表示 4 行 3 列 2 水平正交表。$L_4(2^3)$因素数为 3 个，每个因素允许的水平数为 2 个。

表 3.1　$L_4(2^3)$正交表

实验号	列号		
	1	2	3
1	1	1	1
2	1	2	2
3	2	1	2
4	2	2	1

正交表每一列，每一因素的每个水平，在实验总次数中出现的次数相等。任意两个因素列之间，各种水平搭配出现有序数列时，每种数对出现的次数相等。由于正交表的均衡性，正交实验能够从实验结果中得出正确结论。选择正交表的原则是被选用的因素数与水平数等于或大于要进行实验考察的因素数和水平数，并且使实验次数最少。正交实验法的设计过程如图 3.6 所示。

2）响应曲面法

响应曲面法是统计学方法和数学方法的结合，通过建模、实验和数据分析，寻找响应值优化区域，构建优化区域模型，探寻响应的优化值及变量参数最优水平，同时考虑各水平间的耦合作用对响应值的影响。

一个包含响应 $y(x)$ 的系统或过程，$y(x)$ 由输出因子 $x_1, x_2, \cdots, x_n$ 决定，如果 $y(x)$ 与 x_n 间存在线性函数关系，则通常采用一阶模型拟合：

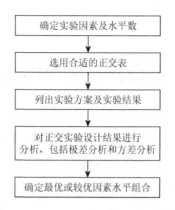

图 3.6　正交实验法的设计过程

$$y(x) = \beta_0 + \sum_{i=1}^{p} \beta_i x_i + \varepsilon \qquad (3.29)$$

式中，β_0 为常数项；β_i 为 x_i 的线性效应；ε 为误差项。

在一阶模型中认为 ε 在不同的实验中相互独立，方差是 σ^2，均值是 0。

二阶响应曲面模型考虑输入因子的耦合作用及二次效应，其表达式为

$$y(x) = \beta_0 + \sum_{i=1}^{p} \beta_i x_i + \sum_{i=1}^{p} \sum_{j=1}^{p} \beta_{ij} x_i y_i + \sum_{i=1}^{p} \beta_{ii} x_i^2 + \varepsilon \qquad (3.30)$$

式中，β_i 为 x_i 与 x_j 之间的耦合作用；β_{ii} 为 x_i 的二次效应。

响应曲面法实验分析步骤一般分为三步：确定因素及水平、确定实验设计方案、进行数据分析。响应曲面分析通常采用多项式法进行拟合，式（3.29）为一次多项式，适合拟合简单的因素关系；式（3.30）为二次多项式，主要用来拟合有交互作用的因素关系。通过求解拟合方程获得加工参数最优解及其最佳组合，同时绘制响应曲面图，将拟合的方程运用图形技术显示出来，可凭借直接观察来选择实验设计中的因素最优水平及因素水平的交互作用。

第4章 复合材料层合板弹性力学基础

本章从宏观力学角度讨论单层板与层合板的弹性力学。"宏观力学"是研究复合材料力学性能时，假定材料是均质的，而将组分材料的作用仅仅作为复合材料的平均表观性能来考虑。在宏观力学中，各类材料参数只能由宏观实验获得。

与均质材料所制成的结构不同，复合材料层合结构的分析必须立足于对每一层的分析。不同的组分层，决定了层合结构的厚度方向具有宏观非均质性。为了得到层合结构的刚度特性，必须弄清楚各单层的层合的刚度特性。本章研究正交各向异性、均匀、连续的单层的线弹性、小变形情况下沿纤维材料正轴、偏轴条件下的模量、柔量和强度。由于层合板的厚度与其他结构的尺寸相比较小，因此通常按平面应力状态进行分析，也就是只考虑铺层面内应力，不考虑与铺层面相垂直面上的应力，即认为垂直面上的应力很小，可以忽略不计。

层合板是由两层或多层的单层板黏合而成的整体结构元件。多层层合板可以由不同材质或相同材质不同铺设方向的单层板所构成。因此，组成的层合板通常没有一定的材料正轴向。无论哪种构成方式，沿层合板的厚度方向上都具有宏观非均质性。这种非均质性使层合板的力学分析变得更加复杂。

4.1 单层板弹性力学基础

4.1.1 复合材料弹性力学

1. 应力

应力和应变是描述材料力学性能的基本变量，根据材料的应力、应变关系，可以确定材料的刚度、强度、变形及失效等性能与状态。当物体在外力作用下处于平衡时，该物体各部分之间都将有外力作用而产生的内力。为了表达外力作用下物体的强度，尚需表达这一分布内力的密集程度，这就引出了分布内力的集度，即应力的概念（张振瀛，1989）。

如图 4.1 所示的弹性体，在外力 P_i 作用下处于平衡状态。外力 P_i 在弹性体内各点引起内力。如果用假想中的 m 平面将弹性体切成 A、B 两部分，单独考察其中的一个部分则该部分还应维持平衡状态。例如，B 部分，它将在作用于 B 部分的外力和 A 部分通过 m 平面对于 B 部分的作用下保持平衡。A 部分通过 m 平面对

于 B 部分作用的力（或者反之，B 部分通过 m 平面对于 A 部分作用的力），就是弹性体在 m 平面的内力。一般情况下，内力在 m 平面中并不是均匀分布的，为了描述内力分布情况，常采用应力的概念。在截面上取任一微面 dS，若作用于此微面上的应力为 dP，则定义

$$\sigma = \frac{dP}{dS} \tag{4.1}$$

为微面上的应力矢量，应力 σ 不仅与力的大小有关，还与所取微面的方向不同而改变。

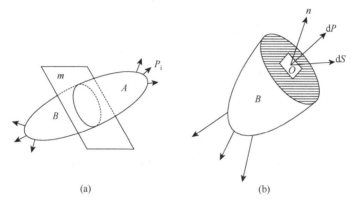

图 4.1　在外力作用下处于平衡状态的弹性体及内力示意图

从上述应力的定义可知，它表示在某一截面上某一点处的分布内力的集度，同一截面上不同点处的应力通常是不相同的。然而，在复合材料力学中，往往是指某一具体范围内的平均应力，即在这一范围内各点应力的平均值。将一个铺层厚度范围内得出的应力平均值称为铺层应力。而将整个层合板厚度范围内得出的应力平均值称为层合板应力。

在大多数情形下单层板复合材料不单独使用，而是作为层合结构的材料的基本单元使用。此时，单层厚度（设厚度方向是 3 方向，与 1、2 方向所在的面垂直）和图 4.2 所示的 1、2 方向尺寸相比，一般很小，因此可近似认为厚度方向应力为零，同时其厚度方向的剪应力也为零，这就定义了平面应力状态（赵美英和陶梅贞，2007）。对于正交各向异性材料，其单层材料的主方向的平面应力为

$$\sigma = \begin{bmatrix} \sigma_1 \\ \sigma_2 \\ \tau_{12} \end{bmatrix} \tag{4.2}$$

应力（无论是正应力还是剪应力）的符号规则是正面正向或负面负向为正，否则为负，截面的外法线方向与坐标轴方向一致时为正面，相反时为负面；应

力方向与参考坐标方向一致时为正向，相反时为负向。因此，图 4.2 所示的正应力和剪应力均为正值。按此符号规定，可见正应力的符号规则与材料力学中的规定（拉为正，压为负）是一致的，而剪应力的符号规则与一般材料力学中的规定（剪应力是单元体顺时针转向时为正，逆时针转向时为负）不同（陆关兴和王耀先，1991）。

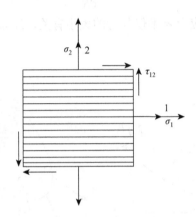

图 4.2　单层板的坐标系和相应的应力分量

2. 应变

任何物体在外力作用下处于平衡状态时，物体内部各点之间的距离将发生变化，这就形成了物体的变形（王耀先，2001）。取物体中一个微小的正六面体进行研究，如图 4.3 所示。设所取的正六面体沿 x 轴方向的边长为 Δx，变形后其边长改变量为 Δu，则 Δu 为两点在轴方向的相对位移，即边的绝对变形。比值 $\Delta u / \Delta x$ 是 AB 边的平均相对变形，称为平均线应变。当 Δx 无限趋近于 0 时，比值 $\Delta u / \Delta x$ 的极限为

$$\varepsilon_x = \lim_{\Delta x \to 0} \frac{\Delta u}{\Delta x} = \frac{\partial u}{\partial x} \tag{4.3}$$

定义为 O 点处沿轴方向的应变。同时

$$\varepsilon_y = \lim_{\Delta y \to 0} \frac{\Delta v}{\Delta y} = \frac{\partial v}{\partial y} \tag{4.4}$$

定义为 O 点处在 y 轴方向的线应变。由于 x 轴方向的位移 u 与 y 轴方向的位移 v 都是 x、y 两个坐标的函数，所以用偏微分。线应变又称为正应变。线应变只引起矩形的大小变化，而不会引起形状变化，形状变化需要用角度变化来度量。因此，将直角的改变定义为剪应变 γ_{xy}，如图 4.4 所示，即

$$\gamma_{xy} = a + b \tag{4.5}$$

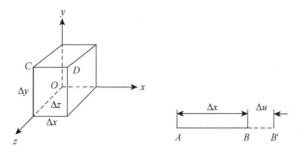

图 4.3　微元体及其边长的变形

而

$$a \approx \tan a = \frac{\dfrac{\partial v}{\partial x}\mathrm{d}x}{\mathrm{d}x(1+\varepsilon_x)} \tag{4.6}$$

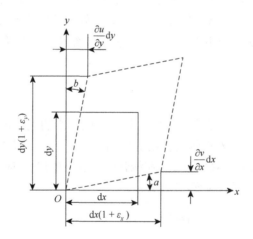

图 4.4　直角的变化

由于 ε_x 与 1 相比在小变形情况下可以略去，所以

$$\begin{cases} a = \dfrac{\partial v}{\partial x} \\[2mm] b = \dfrac{\partial u}{\partial y} \end{cases} \tag{4.7}$$

可以得到

$$\gamma_{xy} = a + b = \frac{\partial v}{\partial x} + \frac{\partial u}{\partial y} \tag{4.8}$$

对于单层板，在板面内力作用下的应变即铺层应变，其三个正轴的应变分量与应力一样用脚标 1、2 表示为

$$\varepsilon = \begin{bmatrix} \varepsilon_1 \\ \varepsilon_2 \\ \gamma_{12} \end{bmatrix} \tag{4.9}$$

线应变的符号规则是：伸长为正，缩短为负；剪应变的符号规则是：与两个参考坐标 1、2 方向一致的直角变小为正，变大为负，即应变的符号规则与应力相对应，正值的应力对应正值的应变。

4.1.2　正轴刚度

通常考虑复合材料处于线弹性、小变形情况，故叠加原理仍能适用。由于全部应力分量引起某一方向的应变分量，等于各应力分量引起该方向应变分量的代数和（王兴业，1999），所以可以把组合应力看成单轴应力的简单叠加。而且，对于正交各向异性材料，在正轴方向上一点处的正应变 ε_1、ε_2 只与该点处的正应力 σ_1、σ_2 有关，而与剪应力 τ_{12} 无关；同时，该点处的剪应变 γ_{12} 也仅与剪应力 τ_{12} 有关。因此，利用两个单轴实验和一个纯剪实验的结果将前面介绍的正轴应力与正轴应变建立联系。

1. 纵向单轴实验

单层板的一个材料正轴方向，对于只有单向纤维的无纬铺层就是纤维方向，称为纵向，记为 1 向。若在纵向作用的单轴应力 σ_1 进行纵向单轴实验，如图 4.5（a）所示，则由此将引起双轴应变。在线弹性情况下的应力-应变曲线如图 4.5（b）所示。由此可建立如下的应变-应力关系：

$$\begin{cases} \varepsilon_1^{(1)} = \dfrac{1}{E_1}\sigma_1 \\ \varepsilon_2^{(1)} = -\mu_1\varepsilon_1^{(1)} = -\dfrac{\mu_1}{E_1}\sigma_1 \end{cases} \tag{4.10}$$

式中，E_1 为纵向弹性模量；μ_1 为纵向泊松比；$\varepsilon_1^{(1)}$ 为由 σ_1 引起的纵向应变；$\varepsilon_2^{(1)}$ 为由 σ_1 引起的横向应变。

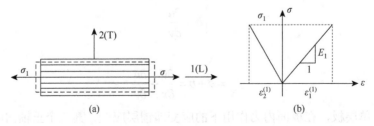

图 4.5　纵向单轴实验

由实验得到的纵向弹性模量表明了单层板纵向的刚度特性。E_1 越大，在相同的 σ_1 作用下 $\varepsilon_1^{(1)}$ 越小。纵向泊松比 μ_1 是单层板由纵向单轴应力引起的横向线应变与纵向线应变的比值，并给以负号。由于纵向伸长会引起横向缩短，加负号后使泊松比变为正值。

2. 横向单轴实验

单层板的另一个正轴方向，对于只有单向纤维的无纬铺层，就是垂直于纤维方向，称为横向，记为 2 向。若在横向作用单轴应力 σ_2 做横向单轴实验，如图 4.6（a）所示，则由此也将引起双轴应变。其应力-应变曲线如图 4.6（b）所示。由此可建立如下的应变-应力关系：

$$\begin{cases} \varepsilon_2^{(2)} = \dfrac{1}{E_2}\sigma_2 \\[2mm] \varepsilon_1^{(2)} = -\mu_2\varepsilon_2^{(2)} = -\dfrac{\mu_2}{E_2}\sigma_2 \end{cases} \tag{4.11}$$

式中，E_2 为横向弹性模量；μ_2 为横向泊松比；$\varepsilon_1^{(2)}$ 为由 σ_2 引起的纵向应变；$\varepsilon_2^{(2)}$ 为由 σ_2 引起的横向应变。

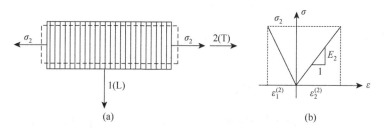

图 4.6　横向单轴实验

由实验得到的横向弹性模量表明了单层板纵向的刚度特性。E_2 越大，在相同的 σ_2 作用下 $\varepsilon_2^{(2)}$ 越小。横向泊松比 μ_2 是单层板由横向单轴应力引起的纵向线应变与横向线应变的比值，并给以负号。由于横向伸长会引起纵向缩短，加负号后使泊松比变为正值。

3. 面内剪切实验

单层板在材料的两个正轴方向上处于纯剪应力状态，如图 4.7（a）所示。这种纯剪应力状态可利用薄壁圆管的扭转实验等方法来实现。在纯剪应力状态下的应力-应变曲线如图 4.7（b）所示。由此可建立如下的应变-应力关系：

$$\gamma_{12} = \frac{1}{G_{12}}\tau_{12} \tag{4.12}$$

式中，G_{12} 为面内剪切弹性模量。

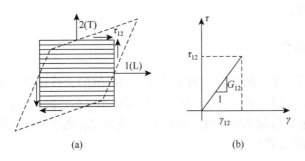

(a)　　　　　　　　　　　　　　　(b)

图 4.7　面内剪切实验

由实验曲线可得面内剪切弹性模量，它表明了单层板或铺层在板平面内的抗剪刚度性能。G_{12} 越大，则在同样的 τ_{12} 作用下 γ_{12} 越小。

综合上述三种简单实验结果，当 σ_1、σ_2 及 τ_{12} 共同作用时，利用叠加原理可得

$$\begin{cases} \varepsilon_1 = \varepsilon_1^{(1)} + \varepsilon_1^{(2)} = \dfrac{1}{E_1} - \dfrac{\mu_2}{E_2}\sigma_2 \\[2mm] \varepsilon_2 = \varepsilon_2^{(1)} + \varepsilon_2^{(2)} = \dfrac{1}{E_2}\sigma_2 - \dfrac{\mu_1}{E_1}\sigma_1 \\[2mm] \gamma_{12} = \dfrac{1}{G_{12}}\tau_{12} \end{cases} \tag{4.13}$$

式（4.13）是单层板正轴向的应力-应变关系，也称为二维广义胡克定律（吕恩琳，1992）。与通常金属材料的广义胡克定律类似，只是复合材料有两个正轴工程弹性常数。这里有五个工程弹性常数：E_1、E_2、μ_1、μ_2 和 G_{12}。从本节后面内容可知其独立的工程弹性常数为四个。

单层板正轴向的应变-应力关系式可以写成如下的矩阵表达式：

$$\begin{bmatrix} \varepsilon_1 \\ \varepsilon_2 \\ \gamma_{12} \end{bmatrix} = \begin{bmatrix} \dfrac{1}{E_1} & -\dfrac{\mu_2}{E_2} & 0 \\[3mm] -\dfrac{\mu_1}{E_1} & \dfrac{1}{E_2} & 0 \\[3mm] 0 & 0 & \dfrac{1}{G_{12}} \end{bmatrix} \begin{bmatrix} \sigma_1 \\ \sigma_2 \\ \tau_{12} \end{bmatrix} \tag{4.14}$$

式中，联系应变-应力关系的各个系数可以简单记为

$$S_{11} = \frac{1}{E_1}, \quad S_{22} = \frac{1}{E_2}, \quad S_{66} = \frac{1}{G_{12}}, \quad S_{12} = -\frac{\mu_2}{E_2}$$

$$S_{21} = -\frac{\mu_1}{E_1}, \quad S_{16} = S_{61} = S_{26} = S_{62} = 0 \qquad (4.15)$$

这些量称为柔量分量（或柔度分量，compliance component），则式（4.14）可以写成

$$\begin{bmatrix} \varepsilon_1 \\ \varepsilon_2 \\ \gamma_{12} \end{bmatrix} = \begin{bmatrix} S_{11} & S_{12} & 0 \\ S_{21} & S_{22} & 0 \\ 0 & 0 & S_{66} \end{bmatrix} \begin{bmatrix} \sigma_1 \\ \sigma_2 \\ \tau_{12} \end{bmatrix} \qquad (4.16)$$

缩写为

$$[\varepsilon_1] = [S][\sigma_1] \qquad (4.17)$$

由式（4.9）解出 σ_1、σ_2 和 τ_{12}，可得到以应变为已知量、应力为未知量的应力-应变关系：

$$\begin{cases} \sigma_1 = ME_1\varepsilon_1 + M\mu_2 E_1\varepsilon_2 \\ \sigma_2 = M\mu_1 E_2\varepsilon_1 + ME_2\varepsilon_2 \\ \tau_{12} = G_{12}\gamma_{12} \end{cases} \qquad (4.18)$$

式中，$M = (1 - \mu_1\mu_2)^{-1}$。

式（4.18）中关于应变的各系数量也可简单记为

$$Q_{11} = ME_1, \quad Q_{22} = ME_2, \quad Q_{66} = G_{12}, \quad Q_{12} = M\mu_2 E_1, \quad Q_{21} = M\mu_1 E_2$$
$$Q_{16} = Q_{61} = Q_{26} = Q_{62} = 0 \qquad (4.19)$$

这些量称为模量分量（或刚度分量，modulus component），因此式（4.18）也可写成以模量分量表示的应力-应变关系式：

$$\begin{bmatrix} \sigma_1 \\ \sigma_2 \\ \tau_{12} \end{bmatrix} = \begin{bmatrix} Q_{11} & Q_{12} & 0 \\ Q_{21} & Q_{22} & 0 \\ 0 & 0 & Q_{66} \end{bmatrix} \begin{bmatrix} \varepsilon_1 \\ \varepsilon_2 \\ \gamma_{12} \end{bmatrix} \qquad (4.20)$$

缩写为

$$[\sigma_1] = [Q][\varepsilon_1]$$

模量分量构成的矩阵与柔量分量构成的矩阵互为逆矩阵。现证明如下。

因

$$[\varepsilon_1] = [S][\sigma_1]$$

等式两边各乘 $[S]^{-1}$，得

$$[S]^{-1}[\varepsilon_1] = [S]^{-1}[S][\sigma_1] = [\sigma_1]$$

而由式$[\sigma_1]=[Q][\varepsilon_1]$可得

$$[S]^{-1}=[Q] \qquad (4.21)$$

同理可得

$$[Q]^{-1}=[S] \qquad (4.22)$$

综上所述，单层板的正轴刚度可以用不同的三组材料常数来描述。这三组材料常数之间是可以互换的，由任意一组材料常数可求得另外两组材料常数。然而，这三组材料常数是各有用处的。拉压弹性模量、剪切弹性模量和泊松比是由简单实验得到的，也是由金属材料中通常使用的工程弹性常数的定义引出的，因此它们在描述刚度性能的物理意义上是比较明确的，实际工程中通常都用工程弹性常数来表征材料的弹性性能。由矩阵的运算可知，模量分量与柔量分量之间存在互逆关系，它们与工程弹性常数的互换非常简单。

由上述讨论可知，无论用工程弹性常数，还是用柔量分量或模量分量来描述单层板的正轴刚度，都有 5 个分量，而这 5 个分量不是独立的，仅有 4 个独立，因为它们之间存在一个关系式，即模量分量或柔量分量均存在对称性：

$$Q_{ij}=Q_{ji}, \quad i,j=1,2,6 \qquad (4.23)$$

$$S_{ij}=S_{ji}, \quad i,j=1,2,6 \qquad (4.24)$$

根据式（4.23）和式（4.24）可得，工程弹性常数之间存在一个很有用的关系，即

$$\frac{\mu_1}{E_1}=\frac{\mu_2}{E_2} \qquad (4.25)$$

由于模量和柔量的对称性以及工程弹性常数之间存在上述关系，可知独立的材料弹性常数只有 4 个。因此，一般只需测定 4 个工程弹性常数：E_1、E_2、G_{12} 和 μ_1（或 μ_2）。由于 μ_2 比 μ_1 小很多，且不易测准，所以可利用上述关系式计算求得。

4.1.3 偏轴刚度

1. 转换的术语

4.1.2 节研究的是单层板的正轴刚度，然而作为结构上使用的层合板是由若干个取向不同的铺层所组合铺设的层合板，其面内各铺层的铺设方向是按设计要求而使各层有所不同的。因此，对某个参考轴来说其工程弹性常数、模量和柔量是各不相同的。这是复合材料独有的特点，也是复合材料力学特性的复杂性的根本原因之一，即应力-应变关系的表达式及其系数将随铺设方向的变化而改变，而应

力-应变关系的改变与它们各自的分量随坐标轴的改变而变化的规律有关。因此，下面将讨论在平面应力状态下应力和应变的坐标转换关系。这里主要是按复合材料的特点进行讨论。

上下面给出的坐标系是 1-2 坐标系，它是由材料的两个正轴向所构成的坐标系，1 方向是沿纤维方向即纵向，2 方向是与纤维方向垂直即横向，这种坐标系通常称为正轴向坐标系。除正轴向外的其余坐标方向称为偏轴向，通常用 x-y 坐标系来表示。

复合材料力学中所给出的应力状态或应变状态，通常是偏轴的，然而测定单层板的刚度和单层板的强度等，都是按正轴向的。因此，要求在偏轴向和正轴向之间进行应力转换和应变转换。本节将导出偏轴与正轴之间的转换关系，其中坐标的应力转换用 T_σ 表示，应变转换用 T_ε 表示。

如图 4.8 所示，材料的正轴向 1 向与 x 轴的夹角为 θ，θ 角称为单层的方向角，规定自偏轴 x 转至正轴 1 的夹角 θ 逆时针转向为正，顺时针转向为负。在材料偏轴向坐标系内，材料特性呈现各向异性。一般规定，由转换前的轴（x-y 轴）转至转换后的轴（1-2 轴）为坐标转换角 α，以逆时针转向为正，顺时针转向为负。偏轴至正轴的转换，由于单层的方向角 θ 和坐标系转换角 α 的符号规定一致，所以坐标转换角就等于单层方向角，即 $\alpha = +\theta$。也就是说，从偏轴 x 轴转到正轴 1 轴是正转换，分别用 T_σ^+ 和 T_ε^- 表示，反之，从正轴 1 转到偏轴 x 为负转换，分别用 T_σ^- 和 T_ε^+ 表示。

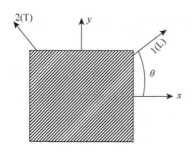

图 4.8　单层板的铺层方向角 θ

2. 应力转换公式

应力转换用于确定两个坐标系下复合材料弹性体内应力分量之间的关系。由偏轴至正轴的应力转换，即由单元体所给的应力求任意斜截面上的应力，与材料力学一样，可以用截面法导出。

设单元体的应力状态如图 4.9（a）所示。可分别用垂直于 1 轴或垂直于 2 轴的斜截面切出分离体，然后求定应力分量 σ_1 或 σ_2，以及 τ_{12} 在这两个截面上均存在，并且符合剪应力互等定理。现按图 4.9（b）所示用横向截面切出的分离体，然后将横截面上的 σ_1 和 τ_{12} 按正向画出。按照静力学平衡原理，可分别求出 σ_1 和 τ_{12}。

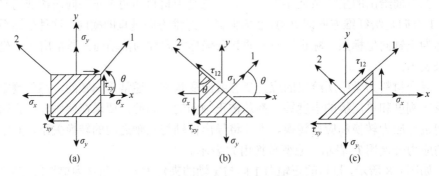

图 4.9　单层板单元体及其分离体

设斜截面面积为 dA，该面法线与 x 轴的夹角为 θ，令 $m=\cos\theta$，$n=\sin\theta$，由 $\sum\sigma_1=0$ 得

$$\sigma_1 dA-(\sigma_x mdA)m-(\tau_{xy}mdA)n-(\sigma_y ndA)n-(\tau_{xy}ndA)m=0$$

化简得

$$\sigma_1=m^2\sigma_x+n^2\sigma_y+2mn\tau_{xy} \tag{4.26}$$

由 $\sum\tau_{12}=0$ 得

$$\tau_{12}dA-(\sigma_x mdA)n-(\tau_{xy}mdA)m-(\sigma_y ndA)M+(\tau_{xy}ndA)n=0$$

化简得

$$\tau_{12}=-mn\sigma_x+mn\sigma_y+(m^2-n^2)\tau_{xy} \tag{4.27}$$

同理，由图4.9（c）所示纵向斜截面切出的分离体的平衡条件为

$$\begin{cases}\sigma_2=n^2\sigma_x+m^2\sigma_y-2mn\tau_{xy}\\ \tau_{12}=-mn\sigma_x+mn\sigma_y+(m^2-n^2)\tau_{xy}\end{cases} \tag{4.28}$$

由式（4.27）和式（4.28）的第二式完全相同，再次证明了剪应力互等定理，应力转换公式与材料性质无关。把三个转换方程写成矩阵的形式，有

$$\begin{bmatrix}\sigma_1\\ \sigma_2\\ \tau_{12}\end{bmatrix}=\begin{bmatrix}m^2 & n^2 & 2mn\\ n^2 & m^2 & -2mn\\ -mn & mn & m^2-n^2\end{bmatrix}\begin{bmatrix}\sigma_x\\ \sigma_y\\ \tau_{xy}\end{bmatrix} \tag{4.29}$$

缩写为

$$[\sigma_1]=[T_\sigma][\sigma_x]$$

方阵 $[T_\sigma]$ 称为应力转换矩阵，即

$$[T_\sigma] = \begin{bmatrix} m^2 & n^2 & 2mn \\ n^2 & m^2 & -2mn \\ -mn & mn & m^2-n^2 \end{bmatrix} \qquad (4.30)$$

式（4.30）是由偏轴应力转换成正轴应力的公式。也可以对式（4.29）做适当变化，得到由正轴应力求偏轴应力的公式，即

$$\begin{bmatrix} \sigma_x \\ \sigma_y \\ \tau_{xy} \end{bmatrix} = \begin{bmatrix} m^2 & n^2 & -2mn \\ n^2 & m^2 & 2mn \\ mn & -mn & m^2-n^2 \end{bmatrix} \begin{bmatrix} \sigma_1 \\ \sigma_2 \\ \tau_{12} \end{bmatrix} \qquad (4.31)$$

缩写为

$$[\sigma_x] = [T_\sigma]^{-1}[\sigma_1]$$

方阵 $[T_\sigma]^{-1}$ 称为应力负转换矩阵，即

$$[T_\sigma]^{-1} = \begin{bmatrix} m^2 & n^2 & -2mn \\ n^2 & m^2 & 2mn \\ mn & -mn & m^2-n^2 \end{bmatrix} \qquad (4.32)$$

3. 应变转换公式

这里研究平面应力状态下的一点 o 在该平面内的应变随方向不同而变化的规律，这就是要推导在该平面内的应变转换关系。但应变是一种几何量，因此推导应变转换关系是利用几何关系求得的，就是由已知在一定坐标系（如图 4.10 中的 x-y 坐标系）中给出的一点的应变分量 ε_x、ε_y 和 γ_{xy}，求定在新坐标系（如图 4.10 中 x'-y'坐标系）中的应变分量 ε_1、ε_2、γ_{12} 的公式，即由偏轴应变分量求正轴应变分量的关系。方便起见，暂且用 x'、y'轴来代替复合材料的正轴 1 和 2 的方向。

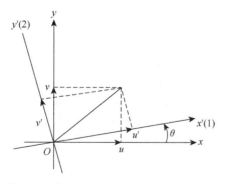

图 4.10　位移矢量在不同坐标系中的分量

按应变的定义，在 x-y 坐标系中，设平面应力状态下一点 o 在该平面内的应力分量为

$$\begin{cases} \varepsilon_x = \dfrac{\partial u}{\partial x} \\[2mm] \varepsilon_y = \dfrac{\partial v}{\partial y} \\[2mm] \gamma_{xy} = \dfrac{\partial u}{\partial y} + \dfrac{\partial v}{\partial x} \end{cases} \tag{4.33}$$

而在 x'-y'（即 1-2）坐标系下为

$$\begin{cases} \varepsilon_1 = \varepsilon_x' = \dfrac{\partial u'}{\partial x'} \\[2mm] \varepsilon_2 = \varepsilon_y' = \dfrac{\partial v'}{\partial y'} \\[2mm] \gamma_{12} = \gamma_{x'y'} = \dfrac{\partial u'}{\partial y'} + \dfrac{\partial v'}{\partial x'} \end{cases} \tag{4.34}$$

为了联系 ε_x、ε_y、γ_{xy} 与 ε_1、ε_2、γ_{12} 之间的关系，可按定义，首先联系 u、v 与 u'、v'以及 x、y 与 x'、y'之间的关系。为此，设有任意一微小的位移矢量，它在 x-y 坐标系内的分量 u、v，以及在 x'、y'坐标系内的分量 u'、v'如图 4.10 所示。它们之间有如下关系：

$$u' = mu + nv, \quad v' = -nu + mu \tag{4.35}$$

或

$$u = mu' - nv', \quad v = nu' + mv' \tag{4.36}$$

而平面上任意一点 o，其在 x-y 坐标系中的坐标 x、y 与在 x'-y'坐标系中的坐标 x'、y'，同样存在与式（4.35）或式（4.36）的类似关系，即

$$x' = mx + ny, \quad y' = -nx + my \tag{4.37}$$

或

$$x = mx' - ny', \quad y = nx' + my' \tag{4.38}$$

若把 u'看作 $u'(x, y)$，即 u'为 x、y 的函数，而把 x 看作 $x(x', y')$，y 看作 $y(x', y')$，则按式（4.34），依据复合函数的微分法则，可得

$$\varepsilon_1 = \varepsilon_x' = \frac{\partial u'}{\partial x'} = \frac{\partial u'}{\partial x}\frac{\partial x}{\partial x'} + \frac{\partial u'}{\partial y}\frac{\partial y}{\partial x'} \tag{4.39}$$

再根据式（4.38）得

$$\frac{\partial x}{\partial x'} = m, \quad \frac{\partial y}{\partial x'} = n \tag{4.40}$$

因此，有

$$\varepsilon_1 = m\frac{\partial u'}{\partial x} + n\frac{\partial u'}{\partial y} \tag{4.41}$$

由式（4.35）得

$$\begin{cases} \dfrac{\partial u'}{\partial x} = m\dfrac{\partial u}{\partial x} + n\dfrac{\partial v}{\partial x} \\[2mm] \dfrac{\partial u'}{\partial y} = m\dfrac{\partial u}{\partial y} + n\dfrac{\partial v}{\partial y} \end{cases} \tag{4.42}$$

将式（4.42）代入式（4.41）得

$$\varepsilon_1 = m\left(m\dfrac{\partial u}{\partial x} + n\dfrac{\partial v}{\partial x} \right) + n\left(m\dfrac{\partial u}{\partial y} + n\dfrac{\partial v}{\partial y} \right) \tag{4.43}$$

同理，可导出 ε_2、γ_{12}，并与式（4.43）综合后可写出如下应变转换关系：

$$\begin{cases} \varepsilon_1 = m^2\varepsilon_x + n^2\varepsilon_y + mn\gamma_{xy} \\ \varepsilon_2 = n^2\varepsilon_x + m^2\varepsilon_y - mn\gamma_{xy} \\ \gamma_{12} = -2mn\varepsilon_x + 2mn\varepsilon_y + (m^2 - n^2)\gamma_{xy} \end{cases} \tag{4.44}$$

写成矩阵形式为

$$\begin{bmatrix} \varepsilon_1 \\ \varepsilon_2 \\ \gamma_{12} \end{bmatrix} = \begin{bmatrix} m^2 & n^2 & mn \\ n^2 & m^2 & -mn \\ -2mn & 2mn & m^2 - n^2 \end{bmatrix} \begin{bmatrix} \varepsilon_x \\ \varepsilon_y \\ \gamma_{xy} \end{bmatrix} \tag{4.45}$$

缩写为

$$[\varepsilon_1] = [T_\varepsilon][\varepsilon_x]$$

$[T_\varepsilon]$ 表示应变转换矩阵，即

$$[T_\varepsilon] = \begin{bmatrix} m^2 & n^2 & mn \\ n^2 & m^2 & -mn \\ -2mn & 2mn & m^2 - n^2 \end{bmatrix} \tag{4.46}$$

式（4.46）与式（4.30）相似，仅部分系数有些差异，这是因为采用的剪切应变是工程剪应变 $\left(\gamma_{xy} = \dfrac{\partial v}{\partial x} + \dfrac{\partial u}{\partial y} \right)$。若剪应变的定义改用张量剪应变，就会得到完全相同的转换公式。

与应变转换公式类似，对式（4.46）做适当变化，可以得到由正轴应变求偏轴应变的公式，即

$$\begin{bmatrix} \varepsilon_x \\ \varepsilon_y \\ \gamma_{xy} \end{bmatrix} = \begin{bmatrix} m^2 & n^2 & -mn \\ n^2 & m^2 & mn \\ 2mn & -2mn & m^2 - n^2 \end{bmatrix} \begin{bmatrix} \varepsilon_1 \\ \varepsilon_2 \\ \gamma_{12} \end{bmatrix} \tag{4.47}$$

缩写为

$$[\varepsilon_x] = [T_\varepsilon]^{-1}[\varepsilon_1]$$

$[T_\varepsilon]^{-1}$ 表示应变负转换矩阵，即

$$[T_\varepsilon]^{-1} = \begin{bmatrix} m^2 & n^2 & -mn \\ n^2 & m^2 & mn \\ 2mn & -2mn & m^2-n^2 \end{bmatrix} \tag{4.48}$$

至此，应力与应变的转换公式均已得到，对比式（4.46）和式（4.32），可得

$$[T_\varepsilon] = [[T_\sigma]^{-1}]^{\mathrm{T}} \tag{4.49}$$

对比式（4.48）和式（4.30），可得

$$[T_\sigma]^{\mathrm{T}} = [T_\varepsilon]^{-1} \tag{4.50}$$

4. 单层的偏轴应力-应变关系

单层在偏轴下的平面应力状态由应力分量 σ_x、σ_y、τ_{xy} 给出，由此引起的与其对应的应变分量为 ε_x、ε_y、γ_{xy}，这里忽略了 ε_z。

如果将式（4.31）中的正轴应力用式（4.20）代入，然后将正轴应变式（4.45）代入，即可得到如下的偏轴应力-应变关系：

$$\begin{bmatrix} \sigma_x \\ \sigma_y \\ \tau_{xy} \end{bmatrix} = \begin{bmatrix} m^2 & n^2 & -2mn \\ n^2 & m^2 & 2mn \\ mn & -mn & m^2-n^2 \end{bmatrix} \begin{bmatrix} Q_{11} & Q_{12} & 0 \\ Q_{21} & Q_{22} & 0 \\ 0 & 0 & Q_{66} \end{bmatrix} \begin{bmatrix} m^2 & n^2 & mn \\ n^2 & m^2 & -mn \\ -2mn & 2mn & m^2-n^2 \end{bmatrix} \begin{bmatrix} \varepsilon_x \\ \varepsilon_y \\ \gamma_{xy} \end{bmatrix} \tag{4.51}$$

此式简写成

$$\begin{bmatrix} \sigma_x \\ \sigma_y \\ \tau_{xy} \end{bmatrix} = \begin{bmatrix} \bar{Q}_{11} & \bar{Q}_{12} & \bar{Q}_{16} \\ \bar{Q}_{21} & \bar{Q}_{22} & \bar{Q}_{26} \\ \bar{Q}_{61} & \bar{Q}_{62} & \bar{Q}_{66} \end{bmatrix} \begin{bmatrix} \varepsilon_x \\ \varepsilon_y \\ \gamma_{xy} \end{bmatrix} \tag{4.52}$$

式中，$\bar{Q}_{ij}(i,j=1,2,6)$ 称为偏轴模量分量，将式（4.51）中的系数矩阵做出乘法运算，并与式（4.52）中系数矩阵对应起来，即可得到如下由正轴模量求偏轴模量的模量转换公式：

$$\begin{bmatrix} \bar{Q}_{11} \\ \bar{Q}_{22} \\ \bar{Q}_{12} \\ \bar{Q}_{66} \\ \bar{Q}_{16} \\ \bar{Q}_{26} \end{bmatrix} = \begin{bmatrix} m^4 & n^4 & 2m^2n^2 & 4m^2n^2 \\ n^4 & m^4 & 2m^2n^2 & 4m^2n^2 \\ m^2n^2 & m^2n^2 & m^4+n^4 & -4m^2n^2 \\ m^2n^2 & m^2n^2 & -2m^2n^2 & (m^2-n^2)^2 \\ m^3n & -mn^3 & mn^3-m^3n & 2(mn^3-m^3n) \\ mn^3 & -m^3n & m^3n-mn^3 & 2(m^3n-mn^3) \end{bmatrix} \begin{bmatrix} Q_{11} \\ Q_{22} \\ Q_{12} \\ Q_{66} \end{bmatrix} \tag{4.53}$$

式中，$m=\cos\theta$，$n=\sin\theta$，与前面所述相同。这里 $\bar{Q}_{ij}=\bar{Q}_{ji}$，即偏轴模量仍具有对称性，所以式（4.53）中偏轴模量只需列出 6 个。

如果将式（4.47）中的正轴应变用式（4.16）代入，然后将正轴应力用式（4.29）代入，即可得到如下的偏轴应变-应力关系：

$$
\begin{bmatrix} \varepsilon_x \\ \varepsilon_y \\ \gamma_{xy} \end{bmatrix} = \begin{bmatrix} m^2 & n^2 & -mn \\ n^2 & m^2 & mn \\ 2mn & -2mn & m^2-n^2 \end{bmatrix} \begin{bmatrix} S_{11} & S_{12} & 0 \\ S_{21} & S_{22} & 0 \\ 0 & 0 & S_{66} \end{bmatrix} \begin{bmatrix} m^2 & n^2 & 2mn \\ n^2 & m^2 & -2mn \\ -mn & mn & m^2-n^2 \end{bmatrix} \begin{bmatrix} \sigma_x \\ \sigma_y \\ \tau_{xy} \end{bmatrix} \tag{4.54}
$$

此式简写成

$$
\begin{bmatrix} \varepsilon_x \\ \varepsilon_y \\ \gamma_{xy} \end{bmatrix} = \begin{bmatrix} \bar{S}_{11} & \bar{S}_{12} & \bar{S}_{16} \\ \bar{S}_{21} & \bar{S}_{22} & \bar{S}_{26} \\ \bar{S}_{61} & \bar{S}_{62} & \bar{S}_{66} \end{bmatrix} \begin{bmatrix} \sigma_x \\ \sigma_y \\ \tau_{xy} \end{bmatrix} \tag{4.55}
$$

式中，$\bar{S}_{ij}(i,j=1,2,6)$ 称为偏轴柔量分量，将式（4.54）中的系数矩阵做乘法运算，并与式（4.55）中的系数矩阵对应起来，即可得到如下由正轴柔量求偏轴柔量的柔量转换公式：

$$
\begin{bmatrix} \bar{S}_{11} \\ \bar{S}_{22} \\ \bar{S}_{12} \\ \bar{S}_{66} \\ \bar{S}_{16} \\ \bar{S}_{26} \end{bmatrix} = \begin{bmatrix} m^4 & n^4 & 2m^2n^2 & m^2n^2 \\ n^4 & m^4 & 2m^2n^2 & m^2n^2 \\ m^2n^2 & m^2n^2 & m^4+n^4 & -m^2n^2 \\ 4m^2n^2 & 4m^2n^2 & -8m^2n^2 & (m^2-n^2)^2 \\ 2m^3n & -2mn^3 & 2(mn^3-m^3n) & mn^3-m^3n \\ 2mn^3 & -2m^3n & 2(m^3n-mn^3) & m^3n-mn^3 \end{bmatrix} \begin{bmatrix} S_{11} \\ S_{22} \\ S_{12} \\ S_{66} \end{bmatrix} \tag{4.56}
$$

式中，$m=\cos\theta$，$n=\sin\theta$，也与前面所述相同。这里 $\bar{S}_{ij}=\bar{S}_{ji}$，即偏轴柔量仍具有对称性，所以式（4.56）中偏轴柔量只需列出 6 个。

与式（4.21）一样，偏轴模量分量与偏轴柔量分量之间也存在互逆关系，即

$$
\begin{bmatrix} \bar{S}_{11} & \bar{S}_{12} & \bar{S}_{16} \\ \bar{S}_{21} & \bar{S}_{22} & \bar{S}_{26} \\ \bar{S}_{61} & \bar{S}_{62} & \bar{S}_{66} \end{bmatrix} = \begin{bmatrix} \bar{Q}_{11} & \bar{Q}_{12} & \bar{Q}_{16} \\ \bar{Q}_{21} & \bar{Q}_{22} & \bar{Q}_{26} \\ \bar{Q}_{61} & \bar{Q}_{62} & \bar{Q}_{66} \end{bmatrix}^{-1} \tag{4.57}
$$

根据矩阵的求逆规则，可得

$$
\begin{cases} \bar{S}_{11}=(\bar{Q}_{22}\bar{Q}_{66}-\bar{Q}_{26}^2)/|\bar{Q}|, & \bar{S}_{22}=(\bar{Q}_{11}\bar{Q}_{66}-\bar{Q}_{16}^2)/|\bar{Q}| \\ \bar{S}_{12}=(\bar{Q}_{16}\bar{Q}_{26}-\bar{Q}_{12}\bar{Q}_{66})/|\bar{Q}|, & \bar{S}_{66}=(\bar{Q}_{11}\bar{Q}_{22}-\bar{Q}_{12}^2)/|\bar{Q}| \\ \bar{S}_{16}=(\bar{Q}_{12}\bar{Q}_{26}-\bar{Q}_{22}\bar{Q}_{16})/|\bar{Q}|, & \bar{S}_{26}=(\bar{Q}_{12}\bar{Q}_{16}-\bar{Q}_{11}\bar{Q}_{26})/|\bar{Q}| \end{cases} \tag{4.58}
$$

式中，

$$
|\bar{Q}|=\bar{Q}_{11}\bar{Q}_{22}\bar{Q}_{66}+2\bar{Q}_{12}\bar{Q}_{16}\bar{Q}_{26}-\bar{Q}_{22}\bar{Q}_{16}^2-\bar{Q}_{11}\bar{Q}_{26}^2-\bar{Q}_{66}\bar{Q}_{12}^2 \tag{4.59}
$$

5. 单层的偏轴模量

前面已经给出了由单层的偏轴应力-应变关系式（4.52）确定的偏轴模量与正

轴模量之间的关系，如式（4.53）所示。这一转换关系式的转换矩阵的各元素是以 m、n 的幂次方形式给出的，所以称为幂函数形式的模量转换关系式。在复合材料设计中，由于单层的偏轴方位，也就是铺层角的变化所造成的偏轴模量变化及其对层合板刚度的影响的分析是很重要的，所以采用如下倍角函数形式的模量转换公式将使这些分析更为简易明了。

为此，可利用如下的三角恒等式：

$$\begin{cases} m^4 = \cos^4\theta = \dfrac{1}{8}(3 + 4\cos 2\theta + 2\cos 4\theta) \\[2mm] m^3 n = \cos^3\theta\sin\theta = \dfrac{1}{8}(2\sin 2\theta + \sin 4\theta) \\[2mm] m^2 n^2 = \cos^2\theta\sin^2\theta = \dfrac{1}{8}(1 - \cos 4\theta) \\[2mm] mn^3 = \cos\theta\sin^3\theta = \dfrac{1}{8}(2\sin 2\theta - \sin 4\theta) \\[2mm] n^4 = \sin^4\theta = \dfrac{1}{8}(3 - 4\cos 2\theta + \cos 4\theta) \end{cases} \tag{4.60}$$

代入式（4.53）整理得

$$\begin{bmatrix} \bar{Q}_{11} \\ \bar{Q}_{22} \\ \bar{Q}_{12} \\ \bar{Q}_{66} \\ \bar{Q}_{16} \\ \bar{Q}_{26} \end{bmatrix} = \begin{bmatrix} U_{1Q} & \cos 2\theta & \cos 4\theta \\ U_{1Q} & -\cos 2\theta & \cos 4\theta \\ U_{4Q} & 0 & -\cos 4\theta \\ U_{5Q} & 0 & -\cos 4\theta \\ 0 & \dfrac{1}{2}\sin 2\theta & \sin 4\theta \\ 0 & \dfrac{1}{2}\sin 2\theta & -\sin 4\theta \end{bmatrix} \begin{bmatrix} 1 \\ U_{2Q} \\ U_{3Q} \end{bmatrix} \tag{4.61}$$

其中，

$$\begin{cases} U_{1Q} = \dfrac{1}{8}(3Q_{11} + 3Q_{22} + 2Q_{12} + 4Q_{66}) \\[2mm] U_{2Q} = \dfrac{1}{2}(Q_{11} - Q_{22}) \\[2mm] U_{3Q} = \dfrac{1}{8}(Q_{11} + Q_{22} - 2Q_{12} - 4Q_{66}) \\[2mm] U_{4Q} = \dfrac{1}{8}(Q_{11} + Q_{22} + 6Q_{12} - 4Q_{66}) \\[2mm] U_{5Q} = 0.5(U_{1Q} - U_{4Q}) \end{cases} \tag{4.62}$$

式中，U_{1Q}、U_{2Q}、U_{3Q}、U_{4Q} 为单层正轴模量的线性组合，也为材料常数。

　　为了分析与设计的方便，将各种复合材料的正轴模量线性组合列于表 4.1 中。式（4.61）就是倍角函数形式的模量转换公式。据此对偏轴模量做出如下分析。

表 4.1　复合材料的正轴模量线性组合和正轴柔量线性组合

序号	复合材料	U_{1Q}/GPa	U_{2Q}/GPa	U_{3Q}/GPa	U_{4Q}/GPa	U_{1S}/(TPa)$^{-1}$	U_{2S}/(TPa)$^{-1}$	U_{3S}/(TPa)$^{-1}$	U_{4S}/(TPa)$^{-1}$
1	T300/4211	53.12	59.42	14.36	17.01	82.98	−58.53	−16.52	−19.13
2	T300/5222	57.59	63.13	14.98	17.63	67.16	−49.50	−10.26	−12.33
3	T300/3231	56.91	62.93	14.97	17.57	71.01	−52.47	−12.16	−13.24
4	T300/QY8911	57.29	63.57	15.14	18.07	72.73	−53.10	−12.23	−14.67
5	T300/5208	76.37	85.73	19.71	22.61	55.53	−45.78	−4.22	−5.77
6	AS/3501	59.66	64.89	14.25	16.95	61.62	−52.18	−2.20	−4.38
7	IM6/环氧	85.90	96.47	21.83	25.43	49.83	−42.18	−2.72	−4.30
8	B(4)/5505	87.80	93.21	23.98	28.26	43.42	−24.57	−13.94	−15.06
9	Kevlar49/环氧	32.44	35.55	8.65	10.54	126.3	−84.32	−28.26	−33.34
10	SiC/5506	98.17	105.2	27.73	32.50	44.10	22.10	−18.15	−18.65
11	AS4/PEEK	57.04	62.88	14.78	17.28	68.94	−52.47	−9.01	−11.10
12	E–玻纤/环氧	20.45	15.39	3.33	5.51	83.56	−47.50	−10.15	−16.89
13	1∶1 玻纤布/E42 环氧	15.93	0	2.116	4.644	75.81	0	−19.31	−27.22
14	4∶1 玻纤布/E42 环氧	16.27	6.98	2.729	5.134	88.54	−22.77	−26.56	−34.40
15	7∶1 玻纤布/F42 环氧	25.77	14.47	3.624	6.758	54.24	−22.44	−8.65	−13.51
16	T300 纤维布/Fbrt934	58.84	0	15.34	19.05	37.44	0	−24.27	−24.61

　　（1）由式（4.61）可知，偏轴模量分量 $\bar{Q}_{11}$、$\bar{Q}_{22}$、$\bar{Q}_{12}$ 与 $\bar{Q}_{66}$ 中的 U_{1Q}、U_{4Q}、U_{5Q} 是常数项，它们所占的项是不随铺层角 θ 而变化的。例如，$\bar{Q}_{11}$ 是由常数项 U_{1Q} 与一个 θ 的倍频变量和另一个 θ 的 4 倍频变量相加而成的。

　　常数项具有平均模量的含义。例如，$\bar{Q}_{11}$ 下的面积即 U_{1Q} 下的面积，所以提高 $\bar{Q}_{11}$ 最根本的是要提高 U_{1Q} 值。对于 U_{2Q} 与 U_{3Q}，因为是周期项的幅值，所以加大它们只是某些方向提高了 $\bar{Q}_{11}$，而某些方向反而降低了 $\bar{Q}_{11}$，因此只有增加 U_{1Q} 才能有效地增加 $\bar{Q}_{11}$。在各向同性材料的极端情况下，$\bar{Q}_{11}$ 应不随铺层角 θ 而变，所以 $\bar{Q}_{11}=U_{1Q}$。因此，常数项又具有相当各向同性材料模量的含义。

　　（2）$\bar{Q}_{11}$ 和 $\bar{Q}_{22}$ 是偶函数，$\bar{Q}_{16}$ 和 $\bar{Q}_{26}$ 是奇函数，且有

$$\bar{Q}_{11}(\theta+90°)=\bar{Q}_{22}(\theta)$$
$$\bar{Q}_{16}(\theta+90°)=-\bar{Q}_{26}(\theta)$$

即 $\bar{Q}_{11}$ 与 $\bar{Q}_{22}$、$\bar{Q}_{16}$ 与 $\bar{Q}_{26}$ 之间存在镜像关系。

（3）$\bar{Q}_{12}$ 与 $\bar{Q}_{66}$ 的变化频率和幅值相同，变化频率都是 4θ，幅值为 U_3；且 $\bar{Q}_{66} - \bar{Q}_{12} = \dfrac{1}{2}(U_{1Q} - 3U_{4Q})$，　$\bar{Q}_{11} + \bar{Q}_{22} + 2\bar{Q}_{12} = 2(U_{1Q} + U_{4Q})$。

（4）$\bar{Q}_{16}$ 与 $\bar{Q}_{26}$ 中无常数项，$\bar{Q}_{16}$ 与 $\bar{Q}_{26}$ 不是独立的，它们与 $\bar{Q}_{11}$ 和 $\bar{Q}_{22}$ 存在微分关系：

$$\frac{\partial \bar{Q}_{11}}{\partial \theta} = -4\bar{Q}_{16}, \qquad \frac{\partial \bar{Q}_{22}}{\partial \theta} = 4\bar{Q}_{26}$$

这表明 $\bar{Q}_{11}$ 和 $\bar{Q}_{22}$ 的极值点分别与 $\bar{Q}_{16}$ 与 $\bar{Q}_{26}$ 的零点相对应，且前者的拐点与后者的极值点对应。

（5）方便起见，复合材料设计中常常采用只考虑正轴模量分量 $\bar{Q}_{11}$ 的正轴模量线性组合的近似公式来估算偏轴模量分量，即

$$U_{1Q} = \frac{3}{8}Q_{11}, \quad U_{2Q} = \frac{1}{2}Q_{11}, \quad U_{3Q} = U_{4Q} = \frac{1}{8}Q_{11}$$

再按式（4.61）计算 $\bar{Q}_{ij}$。

6. 单层的偏轴柔量

单层的偏轴柔量由偏轴应变-应力关系式（4.55）确定，其与正轴柔量之间的关系由式（4.56）给出。可以像偏轴模量一样，通过三角恒等式（4.60）将式（4.56）变为如下的倍角函数形式的柔量转换公式：

$$\begin{bmatrix} \bar{S}_{11} \\ \bar{S}_{22} \\ \bar{S}_{12} \\ \bar{S}_{66} \\ \bar{S}_{16} \\ \bar{S}_{26} \end{bmatrix} = \begin{bmatrix} U_{1S} & \cos 2\theta & \cos 4\theta \\ U_{1S} & -\cos 2\theta & \cos 4\theta \\ U_{4S} & 0 & -\cos 4\theta \\ U_{5S} & 0 & -4\cos 4\theta \\ 0 & \sin 2\theta & 2\sin 4\theta \\ 0 & \sin 2\theta & -2\sin 4\theta \end{bmatrix} \begin{bmatrix} 1 \\ U_{2S} \\ U_{3S} \end{bmatrix} \tag{4.63}$$

式中，U_{iS} 是正轴柔量的线性组合，又称柔量不变量，为

$$\begin{cases} U_{1S} = \dfrac{1}{8}(3S_{11} + 3S_{22} + 2S_{12} + S_{66}) \\[2mm] U_{2S} = \dfrac{1}{2}(S_{11} - S_{22}) \\[2mm] U_{3S} = \dfrac{1}{8}(S_{11} + S_{22} - 2S_{12} - S_{66}) \\[2mm] U_{4S} = \dfrac{1}{8}(S_{11} + S_{22} + 6S_{12} - S_{66}) \\[2mm] U_{5S} = \dfrac{1}{2}(S_{11} + S_{22} - 2S_{12} + S_{66}) \end{cases} \tag{4.64}$$

上述式（4.63）及式（4.64）与偏轴模量的相应公式极为相似，仅仅是某些项的系数有些差异，这也是因为采用工程剪应变。如果采用张量剪应变（工程剪应变的一半），则模量和柔量的公式就会完全相同。

如果材料一定，正轴柔量也就确定，相应的线性组合 U_{iS} 就可由式（4.64）计算出来。表 4.1 列出了几种典型复合材料单层正轴柔量的线性组合。根据前面对偏轴模量所做的分析，也可做出偏轴柔量分量的各项分析。偏轴模量和偏轴柔量存在互逆关系。用 $[\sigma_x]$ 代表偏轴应力的三个分量，$[\varepsilon_x]$ 代表偏轴应变的三个分量，$[\bar{Q}]$ 和 $[\bar{S}]$ 分别为偏轴模量矩阵和偏轴柔量矩阵。对式（4.63）进行逆运算，可得

$$[\varepsilon_x]=[\bar{Q}]^{-1}[\sigma_x]$$

而由式（4.55）可知

$$[\varepsilon_x]=[\bar{S}][\sigma_x]$$

比较以上两式可知

$$\begin{cases} [\bar{S}]=[\bar{Q}]^{-1} \\ [\bar{Q}]=[\bar{S}]^{-1} \end{cases} \tag{4.65}$$

即偏轴模量矩阵与偏轴柔量矩阵互为逆矩阵。由于模量矩阵是对称的，所以柔量矩阵也是对称矩阵。

4.2 层合板弹性力学基础

层合板是由两层或多层的单层板黏合而成整体的结构元件。多层层合板可以由不同材质的单层板所构成，也可以由不同铺设方向的相同材质的各向异性单层板所构成。因此，组成的层合板通常没有一定的材料正轴向（沈观林和胡更开，2006）。无论是前者还是后者，沿层合板的厚度方向上都具有宏观非均质性。这种非均质性可使层合板的力学分析变得更加复杂。

层合板受力特性与各个单层板密切相关。其中一层甚至几层单层板的破坏，将会引起层合板刚度的明显变化，但层合板仍可能会由剩余铺层的单层板来承受更大的载荷，直到全部铺层破坏才导致层合板的总体破坏（樊志远，2018）。此外，在一般情况下，面内内力可以引起弯曲变形（弯曲和扭曲），而弯曲内力（弯矩和扭矩）可以引起面内变形，即耦合效应，这种耦合效应可以通过对铺层进行设计来减弱甚至消除。

层合板的力学性质主要取决于组成层合板的各单层板，包括单层板的力学性质和厚度、单层板层数以及各单层板的铺设方向和铺设顺序。因此，单层板的强度、刚度、铺设方向、固化温度、热湿膨胀系数等均对层合板的强度和刚度有较大的影响。与各向同性材料相比，层合板的强度和刚度要复杂得多，加之层合板材质的特殊性，其工艺所带来的不均匀性与不稳定性也给实验结果带来较大的波动，增加了验证的难度。

本节的层合板刚度是基于经典层合板理论给出的。层合板的刚度用层合板的模量分量、柔量分量和工程弹性常数三种形式给出。模量分量为层合板内力-应变关系的系数，柔量分量为层合板应变-内力关系的系数。

4.2.1　经典层合板理论

本节旨在用经典理论来研究层合板的弹性特性。本理论建立在下述基本假设的基础之上。

1. 层合板的基本假设

假设层合板未受载荷前垂直于中面的法线，在层合板受到面内力及面内力矩后，原法线方向仍保持直线并垂直于该层合板变形后的中面（蒋咏秋，1990）。

层合板由黏结牢固的许多单层板所构成，铺层间无相对滑移，因而沿层合板横截面上各个铺层的位移是连续的，没有剪切变形（Gibson，2016），因此有

$$\gamma_{yz} = 0, \quad \gamma_{xz} = 0 \tag{4.66}$$

2. 等法线假设

当受载荷后，层合板中面法向上的厚度无变化（无厚变方向的伸长或缩短）。

层合板很薄，即层合板厚度比其平面尺寸小得多，因此可略去厚度方向上的应变，即

$$\varepsilon_z = 0$$

利用几何方程 $\dfrac{\partial w}{\partial z} = 0$，即

$$w = w(x, y) \tag{4.67}$$

在上述假定基础上建立的层合板理论称为经典层合板理论（classical laminate theory, CLT）。这个理论对薄的层合平板、层合曲板或层合壳都是适用的（吴凯，2020）。

4.2.2　对称层合板面内刚度

对称层合板是多向层合板中一种较为特殊的层合板，它的刚度分析较为简单（琼斯，1981）。对称层合板在面内力作用下的力学性能像均匀的各向异性板一样，只引起面内变形。对称层合板是从中面向上或向下观察各单层方向、铺设顺序是相同的，同时各单层的材料及其厚度是相同的。不同单层材料构成的对称层合板，要求材料相对于几何中面也是镜面对称的。单向层合板可看作对称层合板的一种特例（Gibson，2016）。

1. 层合板的表示法

复合材料层合板的可设计性之一，在于各单层方向可以随意设置，按照设计者的需要可将各单层设计成一定的方向与排列顺序。由于各种铺层方向和顺序的层合板，其力学性能是不同的，为了设计、研究、制造的方便和统一，应简明给出表示层合板各种铺层方向和顺序的标记，即层合板的表示法（李顺林和王兴业，1993）。各种层合板的表示法详见表 4.2。表中各单层的材料性能与厚度均相同。以后均按此限制，除非特殊说明。

表 4.2　层合板的表示法

层合板类型		表示法	图示	说明
一般层合板		[0/45/90/−45−0]	0 −45 90 45 0	①每一铺层的方向用纤维方向与坐标轴 x 层之间的夹角示出，各铺层之间用"/"分开，全部铺层用"[ ]"括上； ②铺层由下向上或由贴模面向外的顺序写出
对称层合板	偶数层	$[0/90]_S$	0 90 90 0	对称铺层只写出一半，括号外加写下标"S"，表示对称
	奇数层	$[0/45/\overline{90}]_S$	0 45 90 45 0	在对称中面的铺层上加上标"—"表示
具有连续重复铺层的层合板		$[0_2/90]$	90 0 0	连续重复铺层的层数用数字下标示出
具有连续正负铺层的层合板		$[0/\pm45/90]$	90 −45 45 0	连续正负铺层用"±"或"∓"表示，上面的符号表示前一个铺层
由多个子层合板构成的层合板		$[0/90]_2$	90 0 90 0	子层合板重复数用数字下标示出
由织物铺层的层合板		$[(\pm45)/(0,90)]$	0, 90 ±45	织物的经纬方向用"（ ）"括起
混杂纤维层合板		$[0_C/45_K/90_G]$	90G 45K 0C	纤维的种类用英文字母下标示出：C-碳纤维；K-芳纶纤维；G-玻璃纤维；B-硼纤维
夹层板		$[0/90/C_5]_S$	0 90 C_5 90 0	用 C 表示夹芯，其下标数字表示夹芯厚度的毫米数，面板铺层表示法同前

2. 面内力-面内应变的关系

如果设 x、y 坐标在层合板几何中面处，z 坐标为垂直向下，如图 4.11 所示，则对称层合板中各单层的铺层角具有如下关系：

$$\theta(z) = -\theta(-z) \tag{4.68}$$

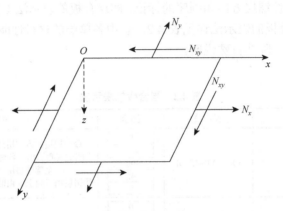

图 4.11　层合板的坐标与面内内力

因此，其各单层模量也有如下类似的关系式：

$$\bar{Q}_{ij}(z) = \bar{Q}_{ij}(-z) \tag{4.69}$$

对于这样的层合板，当作用面内的内力，即作用力合力的作用线位于层合板的几何中面时，由于层合板中各单层模量具有中面对称性，所以层合板不会引起弯曲变形，而只引起面内变形。在各单层之间紧密黏结的假设下，在同一 x、y 处，各层的应变是一致的，即

$$\varepsilon_x(z) = \varepsilon_x^0, \quad \varepsilon_y(z) = \varepsilon_y^0, \quad \gamma_{xy}(z) = \gamma_{xy}^0 \tag{4.70}$$

层合板的面内内力，即层合板中各个单层应力的合力：

$$\begin{cases} N_x = \displaystyle\int_{-h/2}^{h/2} \sigma_x^{(k)} \mathrm{d}z \\ N_y = \displaystyle\int_{-h/2}^{h/2} \sigma_y^{(k)} \mathrm{d}z \\ N_{xy} = \displaystyle\int_{-h/2}^{h/2} \tau_{xy}^{(k)} \mathrm{d}z \end{cases} \tag{4.71}$$

式中，上标 (k) 表示第 k 层的应力。面内内力的单位是 Pa·m 或 N/m，表示厚度为 h 的层合板横截面单位宽度的力。面内内力的符号规则与应力符号规则是一致的。

将偏轴应力-应变关系式（4.63）代入式（4.71），又考虑到式（4.70），即可得如下面内内力与面内应变的关系式：

$$\begin{bmatrix} N_x \\ N_y \\ N_{xy} \end{bmatrix} = \begin{bmatrix} A_{11} & A_{12} & A_{16} \\ A_{21} & A_{22} & A_{26} \\ A_{61} & A_{62} & A_{66} \end{bmatrix} \begin{bmatrix} \varepsilon_x^0 \\ \varepsilon_y^0 \\ \gamma_{xy}^0 \end{bmatrix} \tag{4.72}$$

式中,

$$A_{ij} = \int_{-h/2}^{h/2} \bar{Q}_{ij}^{(k)} \mathrm{d}z, \quad i,j=1,2,6 \tag{4.73}$$

称为层合板的面内刚度系数。A_{ij} 的单位是 Pa·m 或 N/m。面内刚度系数也像模量分量一样,具有对称性,即

$$A_{ij} = A_{ji} \tag{4.74}$$

将式(4.72)进行逆变换,可得面内应变与面内内力的关系式:

$$\begin{bmatrix} \varepsilon_x^0 \\ \varepsilon_y^0 \\ \gamma_{xy}^0 \end{bmatrix} = \begin{bmatrix} a_{11} & a_{12} & a_{16} \\ a_{21} & a_{22} & a_{26} \\ a_{61} & a_{62} & a_{66} \end{bmatrix} \begin{bmatrix} N_x \\ N_y \\ N_{xy} \end{bmatrix} \tag{4.75}$$

式中,

$$\begin{bmatrix} a_{11} & a_{12} & a_{16} \\ a_{21} & a_{22} & a_{26} \\ a_{61} & a_{62} & a_{66} \end{bmatrix} = \begin{bmatrix} A_{11} & A_{12} & A_{16} \\ A_{21} & A_{22} & A_{26} \\ A_{61} & A_{62} & A_{66} \end{bmatrix}^{-1} \tag{4.76}$$

其中,a_{ij} 称为层合板的面内柔度系数。a_{ij} 的单位是 (Pa·m)$^{-1}$ 或 m/N。面内柔度系数也具有对称性,即

$$a_{ij} = a_{ji} \tag{4.77}$$

为了使层合板的面内刚度和面内柔度可以分别与单层的模量和柔量相比较,将面内刚度、面内柔度以及面内内力进行如下的正则化处理:

$$A_{ij}^* = A_{ij} / h \tag{4.78}$$

$$a_{ij}^* = a_{ij} h \tag{4.79}$$

$$N_x^* = N_x / h, \quad N_y^* = N_y / h, \quad N_{xy}^* = N_{xy} / h \tag{4.80}$$

则式(4.72)与式(4.75)分别变成正则化形式:

$$\begin{bmatrix} N_x^* \\ N_y^* \\ N_{xy}^* \end{bmatrix} = \begin{bmatrix} A_{11}^* & A_{12}^* & A_{16}^* \\ A_{21}^* & A_{22}^* & A_{26}^* \\ A_{61}^* & A_{62}^* & A_{66}^* \end{bmatrix} \begin{bmatrix} \varepsilon_x^0 \\ \varepsilon_y^0 \\ \gamma_{xy}^0 \end{bmatrix} \tag{4.81}$$

$$\begin{bmatrix} \varepsilon_x^0 \\ \varepsilon_y^0 \\ \gamma_{xy}^0 \end{bmatrix} = \begin{bmatrix} a_{11}^* & a_{12}^* & a_{16}^* \\ a_{21}^* & a_{22}^* & a_{26}^* \\ a_{61}^* & a_{62}^* & a_{66}^* \end{bmatrix} \begin{bmatrix} N_x^* \\ N_y^* \\ N_{xy}^* \end{bmatrix} \tag{4.82}$$

式(4.76)改成正则化形式也成立。正则化面内内力 N_x^*、N_y^*、N_{xy}^* 为应力量纲,它

表明层合板中各单层应力的平均值，又称层合板应力。当对称层合板为单向层合板时，正则化面内刚度系数 A_{ij}^* 与正则化面内柔度系数 a_{ij}^* 将分别变为单层的模量分量 $\bar{Q}_{ij}$ 与柔量分量 $\bar{S}_{ij}$。

3. 对称层合板的面内工程弹性常数

与定义单层的工程弹性常数一样，利用单轴层合板应力或纯剪层合板应力来定义对称层合板的面内工程弹性常数，得

$$E_x^0 = \frac{N_x^*}{\varepsilon_x^{0(x)}} = \frac{1}{a_{11}^*}, \quad E_y^0 = \frac{N_y^*}{\varepsilon_y^{0(y)}} = \frac{1}{a_{22}^*} \tag{4.83}$$

面内剪切弹性模量为

$$G_{xy}^0 = \frac{1}{a_{66}^*} \tag{4.84}$$

面内泊松耦合系数为

$$\mu_x^0 \equiv \mu_{yx}^0 = -\frac{\varepsilon_y^{0(x)}}{\varepsilon_x^{0(x)}} = -\frac{a_{21}^*}{a_{11}^*}, \quad \mu_y^0 \equiv \mu_{xy}^0 = -\frac{\varepsilon_x^{0(y)}}{\varepsilon_y^{0(y)}} = -\frac{a_{12}^*}{a_{22}^*} \tag{4.85}$$

拉剪耦合系数为

$$\eta_{xy,x}^0 = \frac{a_{16}^*}{a_{11}^*}, \quad \eta_{xy,y}^0 = \frac{a_{26}^*}{a_{22}^*} \tag{4.86}$$

剪拉耦合系数为

$$\eta_{x,xy}^0 = \frac{a_{16}^*}{a_{66}^*}, \quad \eta_{y,xy}^0 = \frac{a_{26}^*}{a_{66}^*} \tag{4.87}$$

用上述工程弹性常数可以表示层合板的面内应变与面内内力的关系为

$$\begin{bmatrix} \varepsilon_x^0 \\ \varepsilon_y^0 \\ \gamma_{xy}^0 \end{bmatrix} = \begin{bmatrix} \dfrac{1}{E_x^0} & -\dfrac{\mu_y^0}{E_y^0} & \dfrac{\eta_{x,xy}^0}{G_{xy}^0} \\ -\dfrac{\mu_x^0}{E_x^0} & \dfrac{1}{E_y^0} & \dfrac{\eta_{y,xy}^0}{G_{xy}^0} \\ \dfrac{\eta_{xy,x}^0}{E_x^0} & \dfrac{\eta_{xy,y}^0}{E_y^0} & \dfrac{1}{G_{xy}^0} \end{bmatrix} \begin{bmatrix} N_x^* \\ N_y^* \\ N_{xy}^* \end{bmatrix} \tag{4.88}$$

在进行层合板铺层设计时，使用工程弹性常数比较方便，因为工程弹性常数可以由简单实验测得。式（4.88）是在已知层合板载荷条件时，计算面内应变较为方便的公式。

4. 面内刚度系数的计算

如果将式（4.87）代入式（4.86），并考虑到式（4.78），则可得正则化面内刚度系数的计算公式为

$$
\begin{bmatrix}
A_{11}^* \\
A_{22}^* \\
A_{12}^* \\
A_{66}^* \\
A_{16}^* \\
A_{26}^*
\end{bmatrix}
=
\begin{bmatrix}
U_{1Q} & V_{1A}^* & V_{2A}^* \\
U_{1Q} & -V_{1A}^* & V_{2A}^* \\
U_{4Q} & 0 & -V_{2A}^* \\
U_{5Q} & 0 & -V_{2A}^* \\
0 & V_{3A}^*/2 & V_{4A}^* \\
0 & V_{3A}^*/2 & -V_{4A}^*
\end{bmatrix}
\begin{bmatrix}
1 \\
U_{2Q} \\
U_{3Q}
\end{bmatrix}
\tag{4.89}
$$

式中，

$$
\begin{cases}
V_{1A}^* = \sum_{k=1}^{n/2} \mu_k \cos 2\theta_k, & V_{2A}^* = \sum_{k=1}^{n/2} \mu_k \cos 4\theta_k \\
V_{3A}^* = \sum_{k=1}^{n/2} \mu_k \sin 2\theta_k, & V_{4A}^* = \sum_{k=1}^{n/2} \mu_k \sin 4\theta_k
\end{cases}
\tag{4.90}
$$

其中，

$$
\begin{cases}
\mu_k = \dfrac{2t_k}{h} \\
\sum_{k=1}^{n/2} \mu_k = 1
\end{cases}
\tag{4.91}
$$

t_k 表示 k 单层组的厚度；μ_k 的物理含义是偏角为 θ_k 的单层组在层合板中所占的体积含量；V_{iA}^* 为层合板面内刚度正则化的几何因子，它是单层方向角的函数。正余弦函数值在 $-1\sim1$ 变化，所以 V_{iA}^* 是有界的，且容易证得

$$
V_{iA}^* \leqslant 1, \quad i = 1,2,3,4
\tag{4.92}
$$

由式（4.89）可知，下列等式成立：

$$
A_{11}^* + A_{22}^* + 2A_{12}^* = 2(U_{1Q} + U_{4Q})
\tag{4.93}
$$

由此可见，层合板正则化面内刚度系数并不是完全独立的，它们中间的一些量相互联系且受到单层不变量的约束，若材料选定，并且按照设计的铺层方案确定了正则化面内刚度系数 A_{11}^*、A_{22}^*、A_{12}^* 和 A_{66}^* 中的两个，则另外两个刚度系数也随之确定。因此，实际独立的层合板正则化面内刚度系数总共只有 4 个。

由式（4.89）和式（4.90）可知，层合板正则化面内刚度系数 A_{ij}^* 只与单层方向及单层比（不同方向角单层层数之间的比值）有关，而与铺层顺序无关。当所有单层都是同一个方向时，有

$$\begin{cases} V_{1A}^* = \sum_{k=1}^{n/2} \mu_k \cos 2\theta = \cos 2\theta, & V_{2A}^* = \sum_{k=1}^{n/2} \mu_k \cos 4\theta = \cos 4\theta \\ V_{3A}^* = \sum_{k=1}^{n/2} \mu_k \sin 2\theta = \sin 2\theta, & V_{4A}^* = \sum_{k=1}^{n/2} \mu_k \sin 4\theta = \sin 4\theta \end{cases} \quad (4.94)$$

单层的偏轴特性受层合板的约束，因此层合板面内刚度系数的各向异性程度低于单层。

5. 几种典型对称层合板的面内刚度

层合板的复合材料，利用铺设的各单层材料和方向的随意性可以得到各种各样的层合板。然而，目前经常使用的层合板，往往是由同样的单层材料组成的，具有一些特殊铺层方向和铺层顺序的层合板，如正交铺设对称层合板、斜交铺设对称层合板、准各向同性层合板和一般 $\pi/4$ 层合板等。下面将讨论这些典型层合板的面内刚度。

1）正交铺设对称层合板

各个单层只按 0° 与 90° 方向铺设的对称层合板称为正交铺设对称层合板。当将层合板的参考坐标轴置于某一单层的纤维方向上时，则各单层的偏轴角为 $\theta_1 = 0°$ 和 $\theta_2 = 10°$。利用式（4.91）计算层合板面内刚度系数正则化的几何因子，得

$$V_{1A}^* = \mu_0 - \mu_{90}, \quad V_{2A}^* = \mu_0 + \mu_{90} = 1, \quad V_{3A}^* = V_{4A}^* = 0$$

代入式（4.89），得

$$\begin{cases} A_{11}^* = U_{1Q} + (\mu_0 - \mu_{90})U_{2Q} + U_{3Q} \\ A_{22}^* = U_{1Q} + (\mu_{90} - \mu_0)U_{2Q} + U_{3Q} \\ A_{12}^* = U_{4Q} - U_{3Q} = Q_{12} \\ A_{66}^* = \frac{1}{2}(U_{1Q} - U_{4Q}) - U_{3Q} = Q_{66} \\ A_{16}^* = A_{26}^* = 0 \end{cases} \quad (4.95)$$

式中，μ_0、μ_{90} 分别为 0° 和 90° 方向单层的体积含量。

由式（4.95）可以看出，正交铺设对称层合板有下述特性：

（1）正则化面内刚度系数 A_{11}^*、A_{22}^* 随单层组体积含量 μ_0 或 μ_{90} 呈线性变化。A_{11}^* 随 μ_{90} 增加呈线性减小，A_{11}^* 随 μ_0 增加呈线性增大。

（2）A_{12}^*、A_{66}^* 不随单层组体积含量变化，是一个常量，且有

$$A_{12}^* = U_{4Q} - U_{3Q} = Q_{12}, \quad A_{66}^* = U_{5Q} - U_{3Q} = Q_{66} \quad (4.96)$$

可知，面内泊松耦合刚度系数和剪切刚度系数是两个由原材料性质确定的常数。

（3）A_{16}^{*}、A_{26}^{*} 为零，即拉剪耦合刚度系数和剪拉耦合刚度系数均为零，故层合板呈正交异性。

（4）$A_{11}^{*}+A_{22}^{*}=2(U_{1Q}+U_{3Q})$，两者之和为常量，与单层组体积含量无关。所以，6 个正则化面内刚度系数中只有一个独立变量。

对于正交铺设对称层合板，$\overline{Q}_{ij}^{(0)}=Q_{ij},\overline{Q}_{11}^{(90)}=Q_{22},\overline{Q}_{22}^{(90)}=Q_{11}$，可以得到

$$\begin{cases}A_{11}^{*}=\mu_{0}Q_{11}+\mu_{90}Q_{22}=Q_{11}-(Q_{11}-Q_{22})\mu_{90}\\A_{22}^{*}=\mu_{0}Q_{22}+\mu_{90}Q_{11}=Q_{22}+(Q_{11}-Q_{22})\mu_{90}\end{cases} \tag{4.97}$$

图 4.12 绘出了各正则化面内刚度系数随 90° 单层组体积含量的变化曲线。由图可知，唯一的独立变量也不能毫无限制地变化，必须满足

$$Q_{22}\leqslant A_{11}^{*}\leqslant Q_{11} \tag{4.98}$$

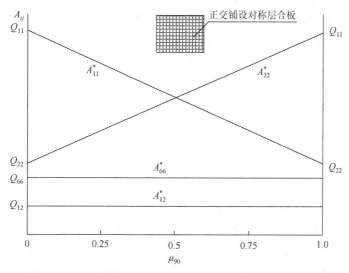

图 4.12　正交铺设对称层合板面内刚度系数随 μ_{90} 的变化曲线

2）斜交铺设对称层合板

斜交铺设对称层合板是以方向角大小相等、符号相反且体积含量相同的两单层所构成的，如图 4.13 所示。因正负两种方向的单层层数相同，准确地说，应称为均衡型斜交铺设对称层合板。此时 $\theta_{1}=+\phi$，$\theta_{2}=-\phi$，$\mu_{\phi}=\mu_{-\phi}=1/2$，代入式（4.94），可得斜交铺设对称层合板面内模量正则化几何因子：

$$\begin{cases}V_{1A}^{*}=\dfrac{1}{2}(\cos2\phi+\cos(-2\phi))=\cos2\phi\\V_{2A}^{*}=\cos4\phi\\V_{3A}^{*}=V_{4A}^{*}=0\end{cases} \tag{4.99}$$

将式（4.99）代入式（4.89），可得均衡型斜交铺设对称层合板的面内模量为

$$
\begin{cases}
\begin{bmatrix} A_{11}^{*} \\ A_{22}^{*} \\ A_{12}^{*} \\ A_{66}^{*} \end{bmatrix} =
\begin{bmatrix} U_{1Q} & \cos 2\phi & \cos 4\phi \\ U_{1Q} & -\cos 2\phi & \cos 4\phi \\ U_{4Q} & 0 & -\cos 4\phi \\ U_{5Q} & 0 & -\cos 4\phi \end{bmatrix}
\begin{bmatrix} 1 \\ U_{2Q} \\ U_{3Q} \end{bmatrix} \\
A_{16}^{*} = A_{26}^{*} = 0
\end{cases}
\tag{4.100}
$$

这类斜交铺设对称层合板，其剪切耦合项不为零，但由式（4.100）可以看出，其剪切耦合效应是 $\pm\phi$ 铺层互相抵消剩下的部分。综上所述，对于斜交铺设对称层合板可以做出两种不同的材料：一是剪切耦合效应为零的正交异性层合板；二是有剪切耦合效应的各向异性层合板，这显然给设计者提供了选择的自由度。

无论是均衡型的或是非均衡型的斜交铺设对称层合板，前四个正则化模量与偏轴角为 ϕ 的单向复合材料的偏轴模量是相等的，因此在设计时，根据单向复合材料的偏轴模量就可直接得到层合板的刚度性能。在对剪切耦合效应进行估算时，影响因素是斜交偏轴角 ϕ 和两向体积分数之差。

3）准各向同性层合板

利用铺层设计，可以得到满足下列条件的对称层合板，即

$$
\begin{cases}
A_{11} = A_{22} \\
A_{66} = \dfrac{A_{11} - A_{12}}{2} \\
A_{16} = A_{26} = 0
\end{cases}
\tag{4.101}
$$

这类层合板独立的面内模量只有两个，因而其面内力学响应类似于各向同性材料，称其为准各向同性板。这里用"准"，是因为它并不完全等同于各向同性板。例如，在垂直于板平面的方向上的性能和板平面内的性能是不同的。当然要得到各向同性的纤维增强复合材料，可以利用短切纤维模压成型，也可以用长纤维无序随机排列，但这种复合材料不能充分发挥纤维的潜力，往往强度较低。下面讨论满足式（4.101）要求条件的准各向同性层合板的铺叠方法。

由式（4.101）可知，当正则化的几何因子满足

$$
V_{1A}^{*} = V_{2A}^{*} = V_{3A}^{*} = V_{4A}^{*} = 0
\tag{4.102}
$$

时层合板的正则化面内刚度系数为

$$
\begin{cases}
A_{11}^{*} = A_{22}^{*} = U_{1Q} \\
A_{12}^{*} = U_{4Q} \\
A_{16}^{*} = A_{26}^{*} = 0 \\
A_{66}^{*} = \dfrac{1}{2}(U_{1Q} - U_{4Q})
\end{cases}
\tag{4.103}
$$

$$\frac{1}{2}(A_{11}^* - A_{12}^*) = \frac{1}{2}(U_{1Q} - U_{4Q})$$

所以

$$A_{66}^* = \frac{1}{2}(A_{11}^* - A_{12}^*)$$

这就证明了只要 $[V_A^*]=0$ 的层合板就是准各向同性层合板，即准各向同性层合板的正则化面内刚度系数与正则化几何因子无关。

为达到式（4.102）所要求的条件，可以采用如下铺叠方法。

选用铺层[0/60/-60]$_S$，如图 4.13 所示，并设每层单向板材料及厚度相等。按式（4.94）计算层合板的各无量纲因子：

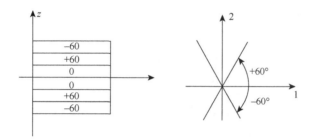

图 4.13　[0/60/-60]$_S$ 层合板

$$\begin{cases} V_{1A}^* = \frac{1}{3}[\cos 0° + \cos 120° + \cos(-120°)] = 0 \\[2mm] V_{2A}^* = \frac{1}{3}[\cos 0° + \cos 240° + \cos(-240°)] = 0 \\[2mm] V_{3A}^* = \frac{1}{3}[\cos 0° + \cos 120° + \cos(-120°)] = 0 \\[2mm] V_{4A}^* = \frac{1}{3}[\cos 0° + \cos 240° + \cos(-240°)] = 0 \end{cases} \qquad (4.104)$$

可见，这一层合板满足 $V_{iA}^* = 0 (i = 1,2,3,4)$ 的条件。

因此，这种层合板可以按各向同性材料使用。把纤维增强复合材料铺叠成准各向同性材料很有实用意义，这种层合板可以直接代替现在大量使用的各向同性材料，而不必花费很大精力重新设计计算。另外，它也适用于那些外载方向随机分布的结构或部件。

4）一般 $\pi/4$ 层合板

具有四个铺层方向、层间夹角为 $\pi/4$ 的层合板称为一般 $\pi/4$ 层合板。如果各个铺层或铺层组的材料和厚度相等，则由前面讨论可知它便是准各向同性层合板。一般 $\pi/4$ 层合板放弃了每个铺层或铺层组厚度相等的限制条件，因而可以在更大的范围内设计材料的性能。采用 $\pi/4$ 这个特殊夹角，主要是因为工艺操作容易精确掌握与控制。

　　根据一般 $\pi/4$ 层合板的前提条件，计算各无量纲几何因子时所设计的三角函数值如表 4.3 所示。

表 4.3　与一般 $\pi/4$ 层合板正则化几何因子有关的三角函数值

$\theta_i/(°)$	$\cos2\theta_i$	$\cos4\theta_i$	$\sin2\theta_i$	$\sin4\theta_i$
0	1	1	0	0
45	0	−1	1	0
90	−1	1	0	0
−45	0	−1	−1	0

将表 4.3 中的三角函数值代入式（4.94），得

$$\begin{cases} V_{1A}^* = \mu_0 - \mu_{90} \\ V_{2A}^* = \mu_0 + \mu_{90} - \mu_{45} - \mu_{-45} \\ V_{3A}^* = \mu_{45} - \mu_{-45} \\ V_{4A}^* = 0 \end{cases} \tag{4.105}$$

将式（4.105）的结果写入式（4.89），得

$$\begin{cases} A_{11}^* = U_{1Q} + (\mu_0 - \mu_{90})U_{2Q} + (\mu_0 + \mu_{90} - \mu_{45} - \mu_{-45})U_{3Q} \\ A_{22}^* = U_{1Q} + (\mu_{90} - \mu_0)U_{2Q} + (\mu_0 + \mu_{90} - \mu_{45} - \mu_{-45})U_{3Q} \\ A_{12}^* = U_{4Q} - (\mu_0 + \mu_{90} - \mu_{45} - \mu_{-45})U_{3Q} \\ A_{66}^* = \dfrac{1}{2}(U_{1Q} - U_{4Q}) - (\mu_0 + \mu_{90} - \mu_{45} - \mu_{-45})U_{3Q} \\ A_{16}^* = \dfrac{1}{2}(\mu_{45} - \mu_{-45})U_{2Q} \\ A_{26}^* = \dfrac{1}{2}(\mu_{45} - \mu_{-45})U_{2Q} \end{cases} \tag{4.106}$$

由式（4.106）可以得出以下结论。

（1）当各铺层的体积分数相等时，即 $\mu_0 = \mu_{90} = \mu_{45} = \mu_{-45}$，则

$$A_{11}^* = A_{22}^* = U_{1Q}, \quad A_{12}^* = U_{4Q}, \quad A_{66}^* = U_{5Q}, \quad A_{16}^* = A_{26}^* = 0 \tag{4.107}$$

即准各向同性层合板。

（2）当 $\mu_{45} = \mu_{-45} = 0$ 时，式（4.106）变成

$$\begin{bmatrix} A_{11}^* \\ A_{22}^* \\ A_{12}^* \\ A_{66}^* \end{bmatrix} = \begin{bmatrix} U_{1Q} & \mu_0 - \mu_{90} & 1 \\ U_{2Q} & -\mu_0 + \mu_{90} & 1 \\ U_{4Q} & 0 & -1 \\ U_{5Q} & 0 & -1 \end{bmatrix} \begin{bmatrix} 1 \\ U_{2Q} \\ U_{3Q} \end{bmatrix} \tag{4.108}$$

和 $\qquad\qquad A_{16}^{*} = A_{26}^{*} = 0$

即正交层合板。

（3）当 $\mu_{45} = \mu_{-45}$ 时，由式（4.106）可知

$$A_{16}^{*} = A_{26}^{*} = 0 \qquad\qquad (4.109)$$

此时层合板是正交异性的。

4.2.3　一般层合板刚度

　　上述讨论的是对称层合板，也就是具有中面对称性的层合板。因此，当受面内力时将引起面内变形和无弯曲变形，当受到弯曲力矩时将引起弯曲变形而无面内变形。下面讨论的一般层合板主要是指非对称的，即不具有中面对称性的层合板。对于非对称层合板，面内内力还将引起弯曲变形，或弯曲力矩还将引起面内变形，即存在拉弯耦合或弯拉耦合。因此，一般层合板的刚度系数，除了面内刚度系数和弯曲刚度系数外，还存在耦合刚度系数。对称层合板不存在耦合刚度系数，可看作一般层合板的特殊情况。

　　尽管层合板是由多个单层板黏合而成的，但由于各单层很薄，所以层合板的总厚度与其他尺寸（如边长）相比仍然小很多，并且板的挠度远小于厚度，因此在整体上可将层合板视为一块非均质的各向异性薄板。在用经典理论研究层合板的弹性特性时可进行如下假定：

　　（1）各单层之间黏结牢固，不产生滑移，因而变形在层间是连续的。

　　（2）各个单层处于平面应力状态。

　　（3）变形前垂直于层合板中面的直线段，变形后仍为垂直于变形后中面的直线段，并且长度不变，此即直法线不变假定。

　　（4）平行于中面的各个界面上的正应力与其他应力相比很小，可以忽略。

1. 层合板的应力和应变关系

　　若直法线不变假定成立，则意味着在板中任何一点有

$$\begin{cases} \varepsilon_z = \dfrac{\partial w(x,y,z)}{\partial z} = 0 \\[2mm] \gamma_{xz} = \dfrac{\partial u(x,y,z)}{\partial z} + \dfrac{\partial w(x,y,z)}{\partial x} = 0 \\[2mm] \gamma_{yz} = \dfrac{\partial v(x,y,z)}{\partial z} + \dfrac{\partial w(x,y,z)}{\partial y} = 0 \end{cases} \qquad (4.110)$$

将式（4.110）对 z 积分，得

$$\begin{cases} w(x,y,z) = w_0(x,y) \\ u(x,y,z) = u_0(x,y) - z\dfrac{\partial w_0(x,y)}{\partial x} \\ v(x,y,z) = v_0(x,y) - z\dfrac{\partial w_0(x,y)}{\partial y} \end{cases} \tag{4.111}$$

式中，u_0、v_0、w_0 表示中面的位移分量，并且只是坐标 x、y 的函数，其中 w_0 称为挠度函数，它表明在中面的任一根法线上，薄板全厚度内的所有各点都具有相同的位移，将式（4.111）代入 4.1.1 节中小变形的几何方程，得

$$\begin{cases} \varepsilon_x = \dfrac{\partial u_0}{\partial x} - z\dfrac{\partial^2 w_0}{\partial x^2} \\ \varepsilon_y = \dfrac{\partial v_0}{\partial y} - z\dfrac{\partial^2 w_0}{\partial y^2} \\ \gamma_{xy} = \left(\dfrac{\partial u_0}{\partial y} + \dfrac{\partial v_0}{\partial y}\right) - 2z\dfrac{\partial^2 w_0}{\partial x \partial y} \end{cases} \tag{4.112}$$

式（4.112）可用矩阵写为

$$\begin{bmatrix} \varepsilon_x \\ \varepsilon_y \\ \gamma_{xy} \end{bmatrix} = \begin{bmatrix} \varepsilon_x^0 \\ \varepsilon_y^0 \\ \gamma_{xy}^0 \end{bmatrix} + z\begin{bmatrix} k_x \\ k_y \\ k_{xy} \end{bmatrix} \tag{4.113}$$

缩写为

$$[\varepsilon] = [\varepsilon^0] + z[k]$$

式中，

$$[\varepsilon^0] = \begin{bmatrix} \varepsilon_x^0 \\ \varepsilon_y^0 \\ \gamma_{xy}^0 \end{bmatrix} = \begin{bmatrix} \dfrac{\partial u_0}{\partial x} \\ \dfrac{\partial v_0}{\partial y} \\ \dfrac{\partial u_0}{\partial y} + \dfrac{\partial v_0}{\partial x} \end{bmatrix} \tag{4.114}$$

$$[k] = \begin{bmatrix} k_x \\ k_y \\ k_{xy} \end{bmatrix} = \begin{bmatrix} \dfrac{\partial^2 w_0}{\partial x^2} \\ \dfrac{\partial^2 w_0}{\partial y^2} \\ 2\dfrac{\partial^2 w_0}{\partial x \partial y} \end{bmatrix} \tag{4.115}$$

分别称为中面面内应变列阵和中面的曲率，分量 k_{xy} 是中面的扭曲率。由式（4.113）

可知，层合板的应变沿厚度是线性变化的。这样，由于引入了直法线不变假定，便把对层合板的变形分析化为对中面的变形分析。

将应变方程（4.113）代入应力-应变关系式（4.115），层合板第 k 层的应力可用中面的应变和曲率表示如下：

$$\begin{bmatrix} \sigma_x^{(k)} \\ \sigma_y^{(k)} \\ \tau_{xy}^{(k)} \end{bmatrix} = \begin{bmatrix} \bar{Q}_{11}^{(k)} & \bar{Q}_{12}^{(k)} & \bar{Q}_{16}^{(k)} \\ \bar{Q}_{21}^{(k)} & \bar{Q}_{22}^{(k)} & \bar{Q}_{26}^{(k)} \\ \bar{Q}_{61}^{(k)} & \bar{Q}_{62}^{(k)} & \bar{Q}_{66}^{(k)} \end{bmatrix} \begin{bmatrix} \varepsilon_x^{(0)} \\ \varepsilon_y^{(0)} \\ \gamma_{xy}^{(0)} \end{bmatrix} + z \begin{bmatrix} k_x \\ k_y \\ k_{xy} \end{bmatrix} \tag{4.116}$$

缩写为
$$[\sigma^{(k)}] = [\bar{Q}^{(k)}][\sigma^{(0)}] + z[k]$$

式中，$[\bar{Q}^{(k)}]$ 为第 k 层单向板在 xy 坐标系中的刚度矩阵。由式（4.116）可知，由于层合板各单层的刚度矩阵 $[\bar{Q}^{(k)}]$ $(k = 1, 2, \cdots, N)$ 可以是不同的，所以即使沿层合板厚度方向应变是线性变化的，但其应力变化却未必是线性的。

2. 层合板的内力——应变关系

在绝大多数情况下，都很难使应力分量在层合板的侧面上精确地满足应力边界条件，而只能应用圣维南原理，使这些应力分量所组成的内力整体地满足边界条件。下面先讨论这些内力的一般表达式。

从层合板内取出一个面内尺寸为单位宽度 1×1 而高度为板厚 h 的平行六面体，如图 4.14 所示。在 x 为常量的横截面上和 y 为常量的横截面上的各应力分量可以合成作用于板中面的合力 N_x、N_y、N_{xy}、N_{yx}、Q_x 和 Q_y，以及合力矩 M_x、M_y、M_{xy} 和 M_{yx}，如图 4.15 所示。

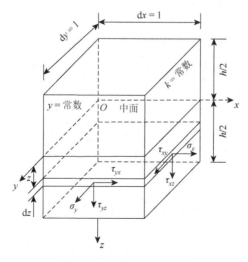

图 4.14　单元体上的应力

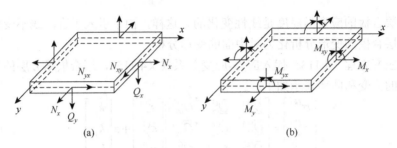

图 4.15　单元体上的内力

这些内力都是定义在单位宽度上的，其表达式为

$$\begin{cases} N_x = \int_{-h/2}^{h/2} \sigma_x \mathrm{d}z, & N_y = \int_{-h/2}^{h/2} \sigma_y \mathrm{d}z \\ N_{xy} = \int_{-h/2}^{h/2} \tau_{xy} \mathrm{d}z, & N_{yx} = \int_{-h/2}^{h/2} \tau_{yx} \mathrm{d}z \\ Q_x = \int_{-h/2}^{h/2} \sigma_{xz} \mathrm{d}z, & Q_y = \int_{-h/2}^{h/2} \sigma_{yz} \mathrm{d}z \\ M_x = \int_{-h/2}^{h/2} \sigma_x z \mathrm{d}z, & M_y = \int_{-h/2}^{h/2} \sigma_y z \mathrm{d}z \\ M_{xy} = \int_{-h/2}^{h/2} \tau_{xy} z \mathrm{d}z, & M_{yx} = \int_{-h/2}^{h/2} \tau_{yx} z \mathrm{d}z \end{cases} \tag{4.117}$$

因为 $\tau_{xy} = \tau_{yx}$，所以

$$N_{xy} = N_{yx}, \quad M_{xy} = M_{yx} \tag{4.118}$$

由于层合板沿厚度方向的非均质性，应力在各铺层之间不一定连续，但在每一单层内，应力沿厚度方向是 z 的连续函数，故式（4.117）可以化为分层求积分再求和的形式：

$$\begin{cases} \begin{bmatrix} N_x \\ N_y \\ N_{xy} \end{bmatrix} = \int_{-h/2}^{h/2} \begin{bmatrix} \sigma_x \\ \sigma_y \\ \tau_{xy} \end{bmatrix} \mathrm{d}z = \sum_{k=1}^{n} \int_{z_{k-1}}^{z_k} \begin{bmatrix} \sigma_x^{(k)} \\ \sigma_y^{(k)} \\ \tau_{xy}^{(k)} \end{bmatrix} \mathrm{d}z \\ \begin{bmatrix} M_x \\ M_y \\ M_{xy} \end{bmatrix} = \int_{-h/2}^{h/2} \begin{bmatrix} \sigma_x \\ \sigma_y \\ \tau_{xy} \end{bmatrix} z\mathrm{d}z = \sum_{k=1}^{n} \int_{z_{k-1}}^{z_k} \begin{bmatrix} \sigma_x^{(k)} \\ \sigma_y^{(k)} \\ \tau_{xy}^{(k)} \end{bmatrix} z\mathrm{d}z \end{cases} \tag{4.119}$$

缩写为

$$\begin{cases} [N] = \sum_{k=1}^{n} \int_{z_{k-1}}^{z_k} [\sigma^{(k)}] \mathrm{d}z \\ [M] = \sum_{k=1}^{n} \int_{z_{k-1}}^{z_k} [\sigma^{(k)}] z\mathrm{d}z \end{cases} \tag{4.120}$$

将式（4.116）代入式（4.120），得

$$
\begin{cases}
[N] = \sum_{k=1}^{n} \int_{z_{k-1}}^{z_k} [\bar{Q}^{(k)}]([\varepsilon^{(0)}] + z[k])\mathrm{d}z \\[4mm]
[M] = \sum_{k=1}^{n} \int_{z_{k-1}}^{z_k} [\bar{Q}^{(k)}]([\varepsilon^{(0)}] + z[k])z\mathrm{d}z
\end{cases}
\tag{4.121}
$$

由于 $[\varepsilon^{(0)}]$ 和 $[k]$ 只是 x 和 y 的函数，与 z 无关，可以提出来，所以式（4.121）可改写成

$$
\begin{bmatrix} N \\ M \end{bmatrix} =
\begin{bmatrix}
\sum_{k=1}^{n} \int_{z_{k-1}}^{z_k} [\bar{Q}^{(k)}]\mathrm{d}z & \sum_{k=1}^{n} \int_{z_{k-1}}^{z_k} [\bar{Q}^{(k)}]z\mathrm{d}z \\[4mm]
\sum_{k=1}^{n} \int_{z_{k-1}}^{z_k} [\bar{Q}^{(k)}]z\mathrm{d}z & \sum_{k=1}^{n} \int_{z_{k-1}}^{z_k} [\bar{Q}^{(k)}]z^2\mathrm{d}z
\end{bmatrix}
\begin{bmatrix} \varepsilon^{(0)} \\ k \end{bmatrix}
\tag{4.122}
$$

展开后，可得

$$
\begin{bmatrix} N_x \\ N_y \\ N_{xy} \\ M_x \\ M_y \\ M_{xy} \end{bmatrix} =
\begin{bmatrix}
A_{11} & A_{12} & A_{16} & B_{11} & B_{12} & B_{16} \\
A_{21} & A_{22} & A_{26} & B_{21} & B_{22} & B_{26} \\
A_{61} & A_{62} & A_{66} & B_{61} & B_{62} & B_{66} \\
B_{11} & B_{12} & B_{16} & D_{11} & D_{12} & D_{16} \\
B_{21} & B_{22} & B_{26} & D_{21} & D_{22} & D_{26} \\
B_{61} & B_{62} & B_{66} & D_{61} & D_{62} & D_{66}
\end{bmatrix}
\begin{bmatrix} \varepsilon_x^0 \\ \varepsilon_y^0 \\ \gamma_{xy}^0 \\ k_x \\ k_y \\ k_{xy} \end{bmatrix}
\tag{4.123}
$$

利用矩阵简化符号，可以将式（4.123）简化为

$$
\begin{bmatrix} N \\ M \end{bmatrix} =
\begin{bmatrix} A & B \\ B & D \end{bmatrix}
\begin{bmatrix} \varepsilon^0 \\ k \end{bmatrix}
\tag{4.124}
$$

式中，

$$
\begin{cases}
A_{ij} = \sum_{k=1}^{n} \int_{z_{k-1}}^{z_k} \bar{Q}_{ij}^{(k)}\mathrm{d}z = \sum_{k=1}^{n} \bar{Q}_{ij}^{(k)}(z_k - z_{k-1}) \\[4mm]
B_{ij} = \sum_{k=1}^{n} \int_{z_{k-1}}^{z_k} \bar{Q}_{ij}^{(k)}z\mathrm{d}z = \sum_{k=1}^{n} \bar{Q}_{ij}^{(k)}(z_k^2 - z_{k-1}^2), \quad i,j=1,2,6 \\[4mm]
D_{ij} = \sum_{k=1}^{n} \int_{z_{k-1}}^{z_k} \bar{Q}_{ij}^{(k)}z^2\mathrm{d}z = \sum_{k=1}^{n} \bar{Q}_{ij}^{(k)}(z_k^3 - z_{k-1}^3)
\end{cases}
\tag{4.125}
$$

子矩阵 $[A]$、$[B]$、$[D]$ 是三个对称矩阵，分别称为面内刚度矩阵、耦合刚度矩阵、弯曲刚度矩阵。由它们构成的 6×6 的总矩阵也是对称矩阵。

为了使同一块层合板的这些模量易于比较，以及与单层板相关联，应进行正则化处理，即设

$$
\begin{cases}
N^* = N/h, \quad M^* = 6M/h^2, \quad K^* = hK/2 \\[2mm]
A_{ij}^* = A_{ij}/h, \quad B_{ij}^* = 2B_{ij}/h^2, \quad D_{ij}^* = 12D_{ij}/h^3
\end{cases}
\tag{4.126}
$$

式中，B_{ij}^* 为正则化耦合模量；D_{ij}^* 为正则化弯曲模量。

利用式（4.126）引入的正则化参数，式（4.123）可以改写成如下正则化形式：

$$
\begin{bmatrix} N_x^* \\ N_y^* \\ N_{xy}^* \\ M_x^* \\ M_y^* \\ M_{xy}^* \end{bmatrix} = \begin{bmatrix} A_{11}^* & A_{12}^* & A_{16}^* & B_{11}^* & B_{12}^* & B_{16}^* \\ A_{21}^* & A_{22}^* & A_{26}^* & B_{21}^* & B_{22}^* & B_{26}^* \\ A_{61}^* & A_{62}^* & A_{66}^* & B_{61}^* & B_{62}^* & B_{66}^* \\ 3B_{11}^* & 3B_{12}^* & 3B_{16}^* & D_{11}^* & D_{12}^* & D_{16}^* \\ 3B_{21}^* & 3B_{22}^* & 3B_{26}^* & D_{21}^* & D_{22}^* & D_{26}^* \\ 3B_{61}^* & 3B_{62}^* & 3B_{66}^* & D_{61}^* & D_{62}^* & D_{66}^* \end{bmatrix} \begin{bmatrix} \varepsilon_x^0 \\ \varepsilon_y^0 \\ \gamma_{xy}^0 \\ k_x^* \\ k_y^* \\ k_{xy}^* \end{bmatrix} \tag{4.127}
$$

或简写为

$$
\begin{bmatrix} N^* \\ M^* \end{bmatrix} = \begin{bmatrix} A^* & B^* \\ 3B^* & D^* \end{bmatrix} \begin{bmatrix} \varepsilon^0 \\ k^* \end{bmatrix} \tag{4.128}
$$

已经知道，N^*具有层合板平均应力的含义，k^*具有层合板底面应变的含义，所以由式（4.127）可知，B^*为假设层合板中面无应变时层合板平均应力-底面应变关系式的系数。

对式（4.127）中的矩阵求逆，可以得到一般层合板正则化应变-内力关系式：

$$
\begin{bmatrix} \varepsilon_x^0 \\ \varepsilon_y^0 \\ \gamma_{xy}^0 \\ k_x^* \\ k_y^* \\ k_{xy}^* \end{bmatrix} = \begin{bmatrix} \alpha_{11}^* & \alpha_{12}^* & \alpha_{16}^* & \frac{1}{3}\beta_{11}^* & \frac{1}{3}\beta_{12}^* & \frac{1}{3}\beta_{16}^* \\ \alpha_{21}^* & \alpha_{22}^* & \alpha_{26}^* & \frac{1}{3}\beta_{21}^* & \frac{1}{3}\beta_{22}^* & \frac{1}{3}\beta_{26}^* \\ \alpha_{61}^* & \alpha_{62}^* & \alpha_{66}^* & \frac{1}{3}\beta_{61}^* & \frac{1}{3}\beta_{62}^* & \frac{1}{3}\beta_{66}^* \\ \beta_{11}^* & \beta_{21}^* & \beta_{61}^* & \delta_{11}^* & \delta_{12}^* & \delta_{16}^* \\ \beta_{12}^* & \beta_{22}^* & \beta_{62}^* & \delta_{21}^* & \delta_{22}^* & \delta_{26}^* \\ \beta_{16}^* & \beta_{26}^* & \beta_{66}^* & \delta_{61}^* & \delta_{62}^* & \delta_{66}^* \end{bmatrix} \begin{bmatrix} N_x^* \\ N_y^* \\ N_{xy}^* \\ M_x^* \\ M_y^* \\ M_{xy}^* \end{bmatrix} \tag{4.129}
$$

或简写成

$$
\begin{bmatrix} \varepsilon^0 \\ k^* \end{bmatrix} = \begin{bmatrix} \alpha^* & \frac{1}{3}\beta^* \\ \beta^{*T} & \delta^* \end{bmatrix} \begin{bmatrix} N^* \\ M^* \end{bmatrix} \tag{4.130}
$$

式中，

$$
\begin{cases} \alpha^* = A^* + 3A^*B^*(D^* - 3B^*A^*B^*)^{-1}B^*A^* \\ \beta^* = -3A^*B^*(D^* - 3B^*A^*B^*)^{-1} \\ \delta^* = (D^* - 3B^*A^*B^*)^{-1} \end{cases} \tag{4.131}
$$

α_{ij}^*、β_{ij}^*、δ_{ij}^*分别称为层合板的正则化面内柔度系数、正则化耦合柔度系数和正则化弯曲柔度系数，它们与非正则化的系数之间具有如下关系：

$$
\begin{cases}
\alpha_{ij}^{*} = h\alpha_{ij} \\[2mm]
\beta_{ij}^{*} = \dfrac{h^{2}}{2}\beta_{ij} \\[2mm]
\delta_{ij}^{*} = \dfrac{h^{3}}{12}\delta_{ij}
\end{cases}
\tag{4.132}
$$

可以证明 α_{ij}^{*} 和 δ_{ij}^{*} 具有对称性，即

$$
\alpha_{ij}^{*} = \alpha_{ji}^{*}, \quad \delta_{ij}^{*} = \delta_{ji}^{*}
\tag{4.133}
$$

但 β_{ij}^{*} 未必具有对称性。

　　若为堆成层合板，由于 $B^{*} = 0$，所以有

$$
\beta^{*} = 0, \quad \alpha^{*} = (A^{*})^{-1}, \quad \delta^{*} = (D^{*})^{-1}
\tag{4.134}
$$

　　这再一次证明了对称层合板是不存在拉弯之间耦合的，对称层合板同时受有面内内力和弯曲力矩时，只需分别求其应变，然后叠加即可。

　　在复合材料工程结构中，往往是具有初始曲率和扭曲率的层合板（如层合壳）。如果是在薄壳的情况下，即壳的厚度和它的曲率半径相比是小量，那么以往导出的关系式仍适用，只需将曲率和扭曲率分别改成曲率和扭曲率的变化量即可。

3. 一般层合板的刚度系数计算

　　一般层合板刚度系数与弯曲刚度系数的定义表达式与对称层合板相同，则对称层合板的正则化面内刚度系数计算式（4.128），以及正则化弯曲刚度系数计算式（4.126）同样适用于一般层合板。由于一般层合板不存在中面对称性，所以计算正则化几何因子时必须改用如下形式的公式：

$$
[V_{A}^{*}] =
\begin{bmatrix}
V_{1A}^{*} \\
V_{2A}^{*} \\
V_{3A}^{*} \\
V_{4A}^{*}
\end{bmatrix}
= \frac{1}{n} \sum_{k=1-\frac{n}{2}}^{n/2}
\begin{bmatrix}
\cos 2\theta_{k} \\
\cos 4\theta_{k} \\
\sin 2\theta_{k} \\
\sin 4\theta_{k}
\end{bmatrix}
[k - (k-1)]
\tag{4.135}
$$

$$
[V_{D}^{*}] =
\begin{bmatrix}
V_{1D}^{*} \\
V_{2D}^{*} \\
V_{3D}^{*} \\
V_{4D}^{*}
\end{bmatrix}
= \frac{4}{n^{3}} \sum_{k=1-\frac{n}{2}}^{n/2}
\begin{bmatrix}
\cos 2\theta_{k} \\
\cos 4\theta_{k} \\
\sin 2\theta_{k} \\
\sin 4\theta_{k}
\end{bmatrix}
[k^{3} - (k-1)^{3}]
\tag{4.136}
$$

　　如果将式（4.61）代入式（4.125），并考虑到式（4.126），则可得正则化耦合刚度系数的计算式：

$$
\begin{bmatrix}
B_{11}^{*} \\
B_{22}^{*} \\
B_{12}^{*} \\
B_{66}^{*} \\
B_{16}^{*} \\
B_{26}^{*}
\end{bmatrix}
=
\begin{bmatrix}
V_{1B}^{*} & V_{2B}^{*} \\
-V_{1B}^{*} & V_{2B}^{*} \\
0 & -V_{2B}^{*} \\
0 & -V_{2B}^{*} \\
\frac{1}{2}V_{3B}^{*} & V_{4B}^{*} \\
\frac{1}{2}V_{3B}^{*} & -4V_{4B}^{*}
\end{bmatrix}
\begin{bmatrix}
U_{2}^{(Q)} \\
U_{3}^{(Q)}
\end{bmatrix}
\tag{4.137}
$$

式中，对于偶数层的对称层合板的耦合刚度系数的正则化几何因子可以写成如下的形式：

$$
[V_B^{*}] =
\begin{bmatrix}
V_{1B}^{*} \\
V_{2B}^{*} \\
V_{3B}^{*} \\
V_{4B}^{*}
\end{bmatrix}
= \frac{2}{n^2} \sum_{k=1-\frac{n}{2}}^{n/2}
\begin{bmatrix}
\cos 2\theta_k \\
\cos 4\theta_k \\
\sin 2\theta_k \\
\sin 4\theta_k
\end{bmatrix}
[k^2 - (k-1)^2]
\tag{4.138}
$$

式中，n 是层合板中单层总数。计算这些正则化几何因子时必须注意，在层合板的表示法中是从底面至顶面书写的，而这里的 k 是从顶面至底面的。

4. 两种非对称层合板的刚度

下面主要讨论两种按一定规则铺设的非对称正交铺设层合板和反对称层合板。

1）规则非对称正交铺设层合板

这里讨论的非对称正交铺设层合板是按如下规则铺设得到的层合板：$[0_8 / 90_8]_T$，$[0_4 / 90_4]_{2T}$，$[0_2 / 90_2]_{4T}$，$[0 / 90]_{8T}$。它们的单层组数分别为 $m = 2, 4, 8, 16$。此处的非对称正交铺设层合板的单层组数 m 是指整个层合板的单层组数，与对称正交铺设层合板按一半计数是不同的。利用正则化几何因子计算式（4.135），然后按式（4.128）计算正则化面内刚度系数。由于这种规则非对称正交铺设层合板的 0°层含量和 90°层含量始终相同，因此可利用正则化面内刚度系数为各单层模量算术平均值的概念直接求得

$$
A_{ij}^{*} = \frac{1}{2}(\bar{Q}_{ij}^{(0)} + \bar{Q}_{ij}^{(90)})
\tag{4.139}
$$

式中，$\bar{Q}_{ij}^{(0)}$ 和 $\bar{Q}_{ij}^{(90)}$ 分别表示 0°层和 90°层对于层合板参考轴的模量分量。

利用正则化几何因子计算式（4.136）按式（4.139）计算正则化弯曲刚度系数。正则化弯曲刚度系数的加权因子 $k^3 - (k-1)^3$ 关于中面是对称的，而对于给出的这类

规则非对称正交铺设层合板，无论 m 为多少，离中面等距离（包括中面上部和下部）的单层始终是包含一个 0°层和一个 90°层，因此正则化弯曲刚度系数也不随 m 而变化。利用正则化弯曲刚度系数的定义式（4.138）与式（4.139）就可直接计算得到

$$D_{ij}^* = \frac{1}{2}(\bar{Q}_{ij}^{(0)} + \bar{Q}_{ij}^{(90)}) \tag{4.140}$$

至于耦合刚度系数，利用正则化几何因子计算式（4.138），可得到如下的结果：

$$\begin{cases} V_{1B}^* = 1/m \\ V_{2B}^* = V_{3B}^* = V_{4B}^* = 0 \end{cases} \tag{4.141}$$

所以，上述规则非对称正交铺设层合板的正则化耦合刚度系数为

$$\begin{cases} B_{11}^* = \frac{1}{m}U_2^{(Q)} = \frac{1}{2m}(Q_{11} - Q_{22}) \\ B_{22}^* = \frac{1}{m}U_2^{(Q)} = -\frac{1}{2m}(Q_{11} - Q_{22}) \\ B_{12}^* = B_{66}^* = B_{16}^* = B_{26}^* = 0 \end{cases} \tag{4.142}$$

综合式（4.139）、式（4.140）及式（4.142），这种规则非对称正交铺设层合板的正则化内力与应变的关系可写成如下关系式：

$$\begin{bmatrix} N_x^* \\ N_y^* \\ N_{xy}^* \\ M_x^* \\ M_y^* \\ M_{xy}^* \end{bmatrix} = \begin{bmatrix} A_{11}^* & A_{12}^* & 0 & B_{11}^* & 0 & 0 \\ A_{21}^* & A_{22}^* & 0 & 0 & B_{22}^* & 0 \\ 0 & 0 & A_{66}^* & 0 & 0 & 0 \\ 3B_{11}^* & 0 & 0 & D_{11}^* & D_{12}^* & 0 \\ 0 & 3B_{22}^* & 0 & D_{21}^* & D_{22}^* & 0 \\ 0 & 0 & 0 & 0 & 0 & D_{66}^* \end{bmatrix} \begin{bmatrix} \varepsilon_x^0 \\ \varepsilon_y^0 \\ \gamma_{xy}^* \\ k_x^* \\ k_y^* \\ k_{xy}^* \end{bmatrix} \tag{4.143}$$

这一关系式可改成如下形式：

$$\begin{bmatrix} N_x^* \\ N_y^* \\ M_x^* \\ M_y^* \\ N_{xy}^* \\ M_{xy}^* \end{bmatrix} = \begin{bmatrix} A_{11}^* & A_{12}^* & B_{11}^* & 0 & 0 & 0 \\ A_{21}^* & A_{22}^* & 0 & B_{22}^* & 0 & 0 \\ 3B_{11}^* & 0 & D_{11}^* & D_{12}^* & 0 & 0 \\ 0 & 3B_{22}^* & D_{21}^* & D_{22}^* & 0 & 0 \\ 0 & 0 & 0 & 0 & A_{66}^* & 0 \\ 0 & 0 & 0 & 0 & 0 & D_{66}^* \end{bmatrix} \begin{bmatrix} \varepsilon_x^0 \\ \varepsilon_y^0 \\ k_x^* \\ k_y^* \\ \gamma_{xy}^0 \\ k_{xy}^0 \end{bmatrix} \tag{4.144}$$

由式（4.144）求逆可得

$$
\begin{bmatrix}
\varepsilon_x^0 \\
\varepsilon_y^0 \\
k_x^* \\
k_y^* \\
\gamma_{xy}^0 \\
k_{xy}^0
\end{bmatrix}
=
\begin{bmatrix}
\alpha_1^* & \alpha_{12}^* & \dfrac{1}{3}\beta_{11}^* & 0 & 0 & 0 \\[2mm]
\alpha_{21}^* & \alpha_{22}^* & 0 & \dfrac{1}{3}\beta_{22}^* & 0 & 0 \\[2mm]
\beta_{11}^* & 0 & \delta_{11}^* & \delta_{12}^* & 0 & 0 \\[1mm]
0 & \beta_{22}^* & \delta_{21}^* & \delta_{22}^* & 0 & 0 \\[1mm]
0 & 0 & 0 & 0 & \alpha_{66}^* & 0 \\[1mm]
0 & 0 & 0 & 0 & 0 & \delta_{66}^*
\end{bmatrix}
\begin{bmatrix}
N_x^* \\
N_y^* \\
M_x^* \\
M_y^* \\
N_{xy}^* \\
M_{xy}^*
\end{bmatrix}
\tag{4.145}
$$

由式（4.145）可以看出，面内剪切或扭转变形时均不与其他变形耦合。

另外，由式（4.139）与式（4.140）可知，这种规则非对称正交铺设层合板满足

$$
D_{ij}^* = A_{ij}^* \tag{4.146}
$$

这似乎像对称层合板中满足了准均匀的条件。然而，这里是非对称层合板，其 $B_{ij}^* \neq 0$，在弯曲力矩作用下会产生面内变形，不同于均匀层合板，所以它还不是准均匀的，故称它为伪均匀层合板，更确切地说，称为伪均匀非对称正交铺设层合板。只有当 $m \to \infty$ 时，由式（4.142）可知，$B_{ij}^* = 0$，此时的层合板才是准均匀非对称正交铺设层合板。实际结构中不可能使 $m \to \infty$，一般当 $m \geqslant 8$ 时可近似按准均匀层合板处理。

对于准均匀非对称正交铺设层合板，它不存在非对称层合板一般存在的耦合刚度系数，且它的弯曲刚度问题具有像准均匀正交铺设对称层合板的弯曲刚度问题一样的规律。

2）规则反对称层合板

规则反对称层合板是指包含两种铺设方向，且相对于中面其铺层角的大小相同，符号相反，即

$$
\theta(z) = -\theta(-z) \tag{4.147}
$$

这里讨论的反对称层合板是按如下规则铺设得到的层合板：$[-\varphi_8 / \varphi_8]_T$，$[-\varphi_4 / \varphi_4]_{2T}$，$[-\varphi_2 / \varphi_2]_{4T}$，$[-\varphi / \varphi]_{8T}$。它们的单层组数分别为 $m = 2, 4, 8, 16$。可以利用正则化几何因子计算式（4.135），按式（4.141）计算正则化面内刚度系数，A_{ij}^* 为

$$
A_{ij}^* = \bar{Q}_{ij}^{(\varphi)} \quad (\text{除 } A_{16}^* = A_{26}^* = 0 \text{ 外}) \tag{4.148}
$$

根据式（4.136），这种规则反对称层合板的正则化几何因子为

$$
\begin{cases}
V_{1D}^* = \cos 2\varphi \\
V_{2D}^* = \cos 4\varphi \\
V_{3D}^* = V_{4D}^* = 0
\end{cases}
\tag{4.149}
$$

再利用式（4.139），可知弯曲刚度系数为

$$D_{ij}^* = \overline{Q}_{ij}^{\varphi} \quad (\text{除} D_{16}^* = D_{26}^* = 0\text{外}) \tag{4.150}$$

根据式（4.138），这种规则反对称层合板的正则化几何因子为

$$\begin{cases} V_{1B}^* = V_{2B}^* = 0 \\ V_{3B}^* = -\dfrac{1}{m}\sin 2\varphi \\ V_{4B}^* = -\dfrac{1}{m}\sin 4\varphi \end{cases} \tag{4.151}$$

再利用式（4.150），即可知耦合刚度系数为

$$B_{ij}^* = -\frac{\overline{Q}_{ij}^{\varphi}}{m} \quad (\text{除} B_{11}^* = B_{22}^* = B_{12}^* = B_{66}^* = 0\text{外}) \tag{4.152}$$

综合式（4.148）、式（4.150）和式（4.152），这种规则反对称层合板的正则化内力与应变的关系可写成如下关系式：

$$\begin{bmatrix} N_x^* \\ N_y^* \\ N_{xy}^* \\ M_x^* \\ M_y^* \\ M_{xy}^* \end{bmatrix} = \begin{bmatrix} A_{11}^* & A_{12}^* & 0 & 0 & 0 & B_{16}^* \\ A_{21}^* & A_{22}^* & 0 & 0 & 0 & B_{26}^* \\ 0 & 0 & A_{66}^* & B_{61}^* & B_{62}^* & 0 \\ 0 & 0 & 3B_{16}^* & D_{11}^* & D_{12}^* & 0 \\ 0 & 0 & 3B_{26}^* & D_{21}^* & D_{22}^* & 0 \\ 3B_{61}^* & 3B_{62}^* & 0 & 0 & 0 & D_{66}^* \end{bmatrix} \begin{bmatrix} \varepsilon_x^0 \\ \varepsilon_y^0 \\ \gamma_{xy}^0 \\ k_y^* \\ k_y^* \\ k_{xy}^* \end{bmatrix} \tag{4.153}$$

这一关系式可改写成如下形式：

$$\begin{bmatrix} N_x^* \\ N_y^* \\ M_{xy}^* \\ M_x^* \\ M_y^* \\ N_{xy}^* \end{bmatrix} = \begin{bmatrix} A_{11}^* & A_{12}^* & B_{16}^* & 0 & 0 & 0 \\ A_{21}^* & A_{22}^* & B_{26}^* & 0 & 0 & 0 \\ 3B_{61}^* & 3B_{62}^* & D_{66}^* & 0 & 0 & 0 \\ 0 & 0 & 0 & D_{11}^* & D_{12}^* & 3B_{16}^* \\ 0 & 0 & 0 & D_{21}^* & D_{22}^* & 3B_{26}^* \\ 0 & 0 & 0 & B_{61}^* & B_{62}^* & A_{66}^* \end{bmatrix} \begin{bmatrix} \varepsilon_x^0 \\ \varepsilon_y^0 \\ k_{xy}^* \\ k_x^* \\ k_y^* \\ \gamma_{xy}^0 \end{bmatrix} \tag{4.154}$$

由式（4.154）求逆可得

$$\begin{bmatrix} \varepsilon_x^0 \\ \varepsilon_y^0 \\ k_{xy}^* \\ k_x^* \\ k_y^* \\ \gamma_{xy}^0 \end{bmatrix} = \begin{bmatrix} \alpha_{11}^* & \alpha_{12}^* & \dfrac{1}{3}\beta_{16}^* & 0 & 0 & 0 \\ \alpha_{21}^* & \alpha_{22}^* & \dfrac{1}{3}\beta_{26}^* & 0 & 0 & 0 \\ \beta_{16}^* & \beta_{26}^* & \delta_{66}^* & 0 & 0 & 0 \\ 0 & 0 & 0 & \delta_{11}^* & \delta_{12}^* & \beta_{61}^* \\ 0 & 0 & 0 & \delta_{21}^* & \delta_{22}^* & \beta_{62}^* \\ 0 & 0 & 0 & \dfrac{1}{3}\beta_{61}^* & \dfrac{1}{3}\beta_{62}^* & \alpha_{66}^* \end{bmatrix} \begin{bmatrix} N_x^* \\ N_y^* \\ M_{xy}^* \\ M_x^* \\ M_y^* \\ N_{xy}^* \end{bmatrix} \tag{4.155}$$

由式（4.155）可以看出，面内拉力和扭矩是与其相应的变形联系在一起的，而面内剪切和弯矩与其相应的变形联系在一起。

另外，这种规则反对称层合板，由式（4.148）与式（4.150）可知

$$D_{ij}^* = A_{ij}^* \tag{4.156}$$

也类似对称层合板中满足了准均匀的条件。然而，这里也是非对称层合板，其 $B_{ij}^* \neq 0$，不同于均匀层合板，故称为伪均匀反对称层合板。由式（4.152）可知，只有当 $m \to \infty$ 时，$B_{ij}^* = 0$，此时才变成准均匀反对称层合板。同样，一般当 $m \geq 8$ 时可近似按准均匀层合板处理。

4.3　层合板应力分析

1. 对称层合板

先讨论对称层合板，且只受 N_x、N_y、N_{xy} 面向载荷。因 $B_{ij} = 0$，且载荷与中面应变有下列关系：

$$\begin{bmatrix} N_x \\ N_y \\ N_{xy} \end{bmatrix} = \begin{bmatrix} A_{11} & A_{12} & A_{16} \\ A_{12} & A_{22} & A_{26} \\ A_{16} & A_{26} & A_{66} \end{bmatrix} \begin{bmatrix} \varepsilon_x^0 \\ \varepsilon_y^0 \\ \gamma_{xy}^0 \end{bmatrix} \tag{4.157}$$

逆关系为

$$\begin{bmatrix} \varepsilon_x^0 \\ \varepsilon_y^0 \\ \gamma_{xy}^0 \end{bmatrix} = \begin{bmatrix} A_{11}' & A_{12}' & A_{16}' \\ A_{12}' & A_{22}' & A_{26}' \\ A_{16}' & A_{26}' & A_{66}' \end{bmatrix} \begin{bmatrix} N_x \\ N_y \\ N_{xy} \end{bmatrix} \tag{4.158}$$

设 N_x、N_y、N_{xy} 按比例加载，令 $N_x = N$，$N_y = \sigma N$，$N_{xy} = \beta N$，则式（4.158）可写成

$$\begin{bmatrix} \varepsilon_x^0 \\ \varepsilon_y^0 \\ \gamma_{xy}^0 \end{bmatrix} = \begin{bmatrix} A_{11}' & A_{12}' & A_{16}' \\ A_{12}' & A_{22}' & A_{26}' \\ A_{16}' & A_{26}' & A_{66}' \end{bmatrix} \begin{bmatrix} N \\ \alpha N \\ \beta N \end{bmatrix} = \begin{bmatrix} A_x \\ A_y \\ A_{xy} \end{bmatrix} N \tag{4.159}$$

式中，

$$\begin{cases} A_x = A_{11}' + \alpha A_{12}' + \beta A_{16}' \\ A_y = A_{12}' + \alpha A_{22}' + \beta A_{26}' \\ A_{xy} = A_{16}' + \alpha A_{26}' + \beta A_{66}' \end{cases} \tag{4.160}$$

根据单层板应力-应变关系式（4.154）得出每一层应力，第 k 层应力为

$$\begin{bmatrix} \sigma_x \\ \sigma_y \\ \tau_{xy} \end{bmatrix} = [\bar{Q}]_k \begin{bmatrix} A_x \\ A_y \\ A_{xy} \end{bmatrix} N \tag{4.161}$$

采用 Tsai-Hill 强度理论判断各单层板强度时，需已知各单层板在材料主方向的应力，则可以利用式（4.29）求得

$$\begin{bmatrix} \sigma_1 \\ \sigma_2 \\ \tau_{12} \end{bmatrix}_k = [T] \begin{bmatrix} \sigma_x \\ \sigma_y \\ \tau_{xy} \end{bmatrix}_k = [T][\bar{Q}]_k \begin{bmatrix} A_x \\ A_y \\ A_{xy} \end{bmatrix} N \tag{4.162}$$

2. 一般层合板

对于一般不对称的层合板，受全部内力和内力矩，存在 A_{ij}、B_{ij} 和 D_{ij} 刚度系数，则对式（4.124）进行逆变换有

$$\begin{bmatrix} \varepsilon^0 \\ K \end{bmatrix} = \begin{bmatrix} A' & B' \\ B' & D' \end{bmatrix} \begin{bmatrix} N \\ M \end{bmatrix} \tag{4.163}$$

式中，A'、B'、D' 为柔度系数。

设 $N_x = N$，$N_y = \alpha N$，$N_{xy} = \beta N$，$M_x = aN$，$M_y = bN$，$M_{xy} = cN$，由于 M 和 N 的量纲不同，因此 a、b、c 是有量纲系数，则式（4.163）可写成以下形式：

$$\begin{cases} \begin{bmatrix} \varepsilon_x^0 \\ \varepsilon_y^0 \\ \gamma_{xy}^0 \end{bmatrix} = \begin{bmatrix} A'_{11} & A'_{12} & A'_{16} \\ A'_{12} & A'_{22} & A'_{26} \\ A'_{16} & A'_{26} & A'_{66} \end{bmatrix} \begin{bmatrix} N \\ \alpha N \\ \beta N \end{bmatrix} + \begin{bmatrix} B'_{11} & B'_{12} & B'_{16} \\ B'_{12} & B'_{22} & B'_{26} \\ B'_{16} & B'_{26} & B'_{66} \end{bmatrix} \begin{bmatrix} aN \\ bN \\ cN \end{bmatrix} = \begin{bmatrix} A_{N_x} \\ A_{N_y} \\ A_{N_{xy}} \end{bmatrix} N \\[6mm] \begin{bmatrix} K_x \\ K_y \\ K_{xy} \end{bmatrix} = \begin{bmatrix} B'_{11} & B'_{12} & B'_{16} \\ B'_{12} & B'_{22} & B'_{26} \\ B'_{16} & B'_{26} & B'_{66} \end{bmatrix} \begin{bmatrix} N \\ \alpha N \\ \beta N \end{bmatrix} + \begin{bmatrix} D'_{11} & D'_{12} & D'_{16} \\ D'_{12} & D'_{22} & D'_{26} \\ D'_{16} & D'_{26} & D'_{66} \end{bmatrix} \begin{bmatrix} aN \\ bN \\ cN \end{bmatrix} = \begin{bmatrix} A_{M_x} \\ A_{M_y} \\ A_{M_{xy}} \end{bmatrix} N \end{cases} \tag{4.164}$$

式中，

$$\begin{cases} A_{N_x} = A'_{11} + \alpha A'_{12} + \beta A'_{16} + aB'_{11} + bB'_{12} + cB'_{16} \\ A_{N_y} = A'_{12} + \alpha A'_{22} + \beta A'_{26} + aB'_{12} + bB'_{22} + cB'_{26} \\ A_{N_{xy}} = A'_{16} + \alpha A'_{26} + \beta A'_{66} + aB'_{16} + bB'_{26} + cB'_{66} \\ A_{M_x} = B'_{11} + \alpha B'_{12} + \beta B'_{16} + aD'_{11} + bD'_{12} + cD'_{16} \\ A_{M_y} = B'_{12} + \alpha B'_{22} + \beta B'_{26} + aD'_{12} + bD'_{22} + cD'_{26} \\ A_{M_{xy}} = B'_{16} + \alpha B'_{26} + \beta B'_{66} + aD'_{16} + bD'_{26} + cD'_{66} \end{cases} \tag{4.165}$$

代入式（4.162）得第 k 层单层板中应力与载荷之间的关系，同样可求得各单层板材料主方向的应力表达式如下：

$$
\begin{bmatrix} \sigma_1 \\ \sigma_2 \\ \tau_{12} \end{bmatrix}_k = [T][\bar{Q}]_k \left(\begin{bmatrix} A_{N_x} \\ A_{N_y} \\ A_{N_{xy}} \end{bmatrix} N + z \begin{bmatrix} A_{M_x} \\ A_{M_y} \\ A_{M_{xy}} \end{bmatrix} N \right) \tag{4.166}
$$

第5章 复合材料强度理论

5.1 复合材料结构强度特点

材料的强度同许多因素都有关系，不仅取决于材料自身的性质，而且与材料所受的承载情况与环境因素都有关系。应力状态在平面状态下一般包括三个应力分量的组合应力状态，因此需要考虑各个应力分量对材料强度的综合影响。对于各向同性材料，如果是脆性材料，强度指标一般是强度极限 σ_b；如果是塑性材料，强度指标一般是屈服极限 σ_s。剪切极限一般与屈服极限存在一定关系，不单独考虑（王耀先，2001）。

对于正交各向异性材料，由于其仅考虑面内的应力状态，因此宏观强度准则一般考虑的指标有五个：纵向拉伸强度 (X_t)；纵向压缩强度 (X_c)；横向拉伸强度 (Y_t)；横向压缩强度 (Y_c)；面内剪切强度 (S)。这几个强度值虽然可以采用力学方法计算得到，但通过实验测得相应于发生失效的极限载荷，然后求其极限应力的方法更为可靠。

强度准则只是各个应力分量的一种数学上的表达方式，公式中的常数主要是通过实验得到的，公式的准确性也依托于实验来验证。

5.1.1 层间强度

复合材料的层间强度包括层间拉伸强度、层间剪切强度以及层间断裂韧性，相对于面内破坏强度而言，层间强度影响较弱，但在使用中经常引起层间破坏，进而导致整体结构过早地发生破坏，尤其是层间剪切强度较低，需要在设计中格外注意。复合材料的层间剪切强度是指不同纤维复合材料制品在叠层复合后相邻层之间产生相对位移时，作为抵抗阻力而在材料内部产生的应力大小，即层合板在层间剪切应力作用下的极限应力。层间应力的存在很容易导致层间的分层破坏，而层间分层将会严重降低复合材料层合板的刚度和强度。所以，层间应力和层间剪切强度等层间问题是复合材料设计中必须考虑的重要问题。

5.1.2 界面性能

复合材料的界面是基体与增强材料之间化学成分有显著变化的、构成彼此结合的、能起到载荷传递作用的区域，是一个多层结构的过渡区域。界面的结合状态和强度对复合材料的性能有重要影响。对于每一种复合材料都要求有合适的界面结合强度。界面结合较差的复合材料大多呈剪切破坏，界面结合过强则呈脆性断裂，也降低了复合材料的整体性能。

5.2　经典失效准则

5.2.1　最大应力准则

各向异性材料与各向同性的最大应力准则形式相似，复合材料在复杂应力状态下进入破坏是因为其中某个应力分量达到了材料的基本强度值。最大应力准则的形式为

$$
\begin{cases}
-X_c < \sigma_1 < X_t \\
-Y_c < \sigma_2 < Y_t \\
|\tau_{12}| < S
\end{cases}
\tag{5.1}
$$

这里的应力不是沿主应力方向，而是沿材料主轴方向。如果单层中的应力不是主轴方向，必须先将应力分量转换到正轴方向，然后由正轴的应力分量进行判别。

5.2.2　最大应变准则

最大应变准则的形式为

$$
\begin{cases}
-\varepsilon_{X_c} < \varepsilon_1 < \varepsilon_{X_t} \\
-\varepsilon_{Y_c} < \varepsilon_2 < \varepsilon_{Y_t} \\
|\gamma_{12}| < \gamma_s
\end{cases}
\tag{5.2}
$$

当认为材料在破坏前均处于线弹性时，式（5.2）可改写为

$$
\begin{cases}
\varepsilon_{X_t} = \dfrac{X_t}{E_1}, \quad \varepsilon_{X_c} = \dfrac{X_c}{E_1} \\
\varepsilon_{Y_t} = \dfrac{Y_t}{E_2}, \quad \varepsilon_{Y_c} = \dfrac{Y_c}{E_2} \\
\gamma_s = \dfrac{S}{G_{12}}
\end{cases}
\tag{5.3}
$$

同最大应力准则相同，此处的应变同样也是沿着材料主轴方向，如果单层中作用的应变不是沿着材料主轴方向，则应当将应变分量转换到正轴方向。

根据单层正轴应变-应力关系，可将式（5.2）改写成用应力来表达的关系式：

$$\begin{cases} -X_c < \sigma_1 - \mu_1\sigma_2 < X_t \\ -Y_c < \sigma_2 - \mu_2\sigma_1 < Y_t \\ |\tau_{12}| < S \end{cases} \tag{5.4}$$

5.2.3　Tsai-Hill 准则

Hill 将各向同性材料的 Mises 屈服准则的数学形式推广到三维应力状态下的正交各向异性材料，而 Tsai 把 Hill 的强度准则推广到单层复合材料的情况（Hill，1964）。Mises 屈服准则为

$$(\sigma_y - \sigma_z)^2 + (\sigma_z - \sigma_x)^2 + (\sigma_x - \sigma_y)^2 + 6(\tau_{yz}^2 + \tau_{zx}^2 + \tau_{xy}^2) < 2\sigma_s^2 \tag{5.5}$$

式中，σ_s 为单轴拉伸的屈服应力。

在平面应力情况下，式（5.5）可改写为

$$\sigma_x^2 + \sigma_y^2 - \sigma_x\sigma_y + 3\tau_{xy}^2 < \sigma_s^2 \tag{5.6}$$

而材料在受到纯剪应力作用下也应满足，由此得到纯剪屈服应力 $\tau_s = \sigma_s / \sqrt{3}$，由此代入，并参照式（5.6）的形式，可假设正交各向异性复合材料单层的强度条件为

$$\frac{\sigma_1^2}{X} - \frac{\sigma_1\sigma_2}{X} + \frac{\sigma_2^2}{Y} - \frac{\tau_{12}^2}{S} < 1 \tag{5.7}$$

Tsai-Hill 准则将单层材料主方向的三个应力和相应的基本强度联系在一个表达式中，考虑了它们之间的相互影响。但是 Tsai-Hill 准则原则上只能用于在弹性主方向上材料的拉伸强度和压缩强度相同的情况。若拉、压强度不同，应分别在拉应力时使用 X_t、Y_t，在压应力时使用 X_c、Y_c。

5.2.4　Hoffman 准则

Hoffman 对 Tsai-Hill 准则进行了修正，增加了 σ_1 和 σ_2 的奇函数项，提出了在形式上更全面的强度准则（Hoffman，1967）：

$$\frac{\sigma_1 - \sigma_1\sigma_2}{X_tX_c} + \frac{\sigma_2^2}{Y_tY_c} + \frac{X_c - X_t}{X_tX_c}\sigma_1 + \frac{Y_c - Y_t}{Y_tY_c}\sigma_2 + \frac{\tau_{12}^2}{S^2} < 1 \tag{5.8}$$

当 $X_t = X_c$、$Y_t = Y_c$ 时，则式（5.8）退化为 Tsai-Hill 准则。

5.2.5　Tsai-Wu 张量准则

Tsai 和 Wu 综合了多个强度失效准则的特性，在此基础上以张量的形式提出

了新的失效准则。他们假设破坏表面在空间中存在以下形式（Tsai and Wu，1971）：

$$F_i\sigma_i + F_{ij}\sigma_i\sigma_j < 1 \tag{5.9}$$

对于平面应力状态，其中 $i, j = 1, 2, 6$。而在一般工程设计中，通常只取张量多项式的前两项。在正轴方向上的展开式为

$$F_{11}\sigma_1^2 + 2F_{12}\sigma_1\sigma_2 + F_{22}\sigma_2^2 + F_{66}\sigma_6^2 + 2F_{16}\sigma_1\sigma_6 + 2F_{26}\sigma_2\sigma_6 + F_1\sigma_1 + F_2\sigma_2 + F_6\sigma_6 < 1 \tag{5.10}$$

使用式（5.10）的前提是要确定各个强度参数。在单层板的正轴方向上，材料的剪切强度不受剪应力方向的影响，改变剪应力的方向时，不会影响材料的力学状态。所以，式（5.10）可以简写为

$$F_{11}\sigma_1^2 + 2F_{12}\sigma_1\sigma_2 + F_{22}\sigma_2^2 + F_{66}\tau_{12}^2 + F_1\sigma_1 + F_2\sigma_2 < 1 \tag{5.11}$$

5.2.6 Hashin 准则

Hashin 准则考虑了对称性以及各个应力分量对每种破坏模式的影响，反映了复合材料繁复多样的失效模式。通过考虑不同加载方式下的破坏，基于各种不同损伤形式的分类损伤判据如下（Hashin，1980）。

（1）纤维拉伸破坏（$\sigma_{11} \geqslant 0$）：

$$\left(\frac{\sigma_{11}}{X_t}\right)^2 + \alpha\left(\frac{\tau_{12}}{S_{12}}\right)^2 + \left(\frac{\tau_{13}}{S_{13}}\right)^2 \geqslant 1 \tag{5.12}$$

（2）纤维压缩破坏（$\sigma_{11} < 0$）：

$$\left(\frac{\sigma_{11}}{X_c}\right) \geqslant 1 \tag{5.13}$$

（3）基体拉伸破坏（$\sigma_{22} \geqslant 0$）：

$$\left(\frac{\sigma_{22}}{Y_t}\right)^2 + \left(\frac{\tau_{12}}{S}\right)^2 \geqslant 1 \tag{5.14}$$

（4）基体压缩破坏（$\sigma_{22} < 0$）：

$$\left[\left(\frac{Y_c}{2S}\right)^2 - 1\right]\frac{\sigma_2}{Y_c} + \left(\frac{\sigma_2}{2S}\right)^2 + \left(\frac{\tau_{12}}{S}\right)^2 \geqslant 1 \tag{5.15}$$

5.2.7 Yamada-Sun 准则

Yamada-Sun 准则是在最大应力准则的基础上，假设只有当每一层纤维均出现损伤时，层合板才发生失效，其判据如下（Yamada and Sun，1978）：

$$\left(\frac{\sigma_1}{X}\right)^2+\left(\frac{\tau_{12}}{S}\right)^2=e^2\begin{cases}e\geqslant 1, & \text{失效}\\ e<1, & \text{不失效}\end{cases} \tag{5.16}$$

5.2.8 Puck 准则

Puck 通过大量关于碳纤维复合材料的破坏实验发现，对于复合材料基体损伤，存在一个平行于纤维方向的潜在断裂面，它是特定应力状态下发生失效概率最高的作用面。在断裂面内，当单元处于法向拉伸状态时，法向拉伸应力会促进基体裂纹产生，而当单元处于法向压缩状态时，法向压缩应力将使材料刚度回复，从而使基体裂纹闭合，抑制基体裂纹的产生。通过上述现象，Puck 建立了基于物理机制的失效机制（Puck and Schürmann，2002）。

（1）法向拉伸（$\sigma_n(\theta)\geqslant 0$）：

$$f_{\text{E,IFFT}}(\theta)=\frac{p_{\perp\psi}^{\text{T}}}{R_{\perp\psi}^{\text{A}}}\sigma_n(\theta)+\sqrt{\left[\left(\frac{1}{R_\perp^{\text{T}}}-\frac{p_{\perp\psi}^{\text{T}}}{R_{\perp\psi}^{\text{A}}}\right)\sigma_n(\theta)\right]^2+\left(\frac{\sigma_{nt}(\theta)}{R_\perp^{\text{A}}}\right)^2+\left(\frac{\sigma_{nl}(\theta)}{R_{\perp\parallel}^{\text{A}}}\right)^2} \tag{5.17}$$

（2）法向压缩（$\sigma_n(\theta)<0$）：

$$f_{\text{E,IFFC}}(\theta)=\frac{p_{\perp\psi}^{\text{C}}}{R_{\perp\psi}^{\text{A}}}\sigma_n(\theta)+\sqrt{\left(\frac{\sigma_{nt}(\theta)}{R_\perp^{\text{A}}}\right)^2+\left(\frac{\sigma_{nl}(\theta)}{R_{\perp\parallel}^{\text{A}}}\right)^2+\left(\frac{p_{\perp\psi}^{\text{C}}}{R_{\perp\psi}^{\text{A}}}\sigma_n(\theta)\right)^2} \tag{5.18}$$

其中，

$$\frac{p_{\perp\psi}^{\text{T}}}{R_{\perp\psi}^{\text{A}}}=\frac{p_{\perp\perp}^{\text{T}}}{R_\perp^{\text{A}}}\cos^2\psi+\frac{p_{\perp\parallel}^{\text{T}}}{R_{\perp\parallel}^{\text{A}}}\sin^2\psi,\quad \frac{p_{\perp\psi}^{\text{C}}}{R_{\perp\psi}^{\text{A}}}=\frac{p_{\perp\perp}^{\text{C}}}{R_\perp^{\text{A}}}\cos^2\psi+\frac{p_{\perp\parallel}^{\text{C}}}{R_{\perp\parallel}^{\text{A}}}\sin^2\psi$$

$$R_\perp^{\text{A}}=\frac{R_\perp^{\text{C}}}{2(1+p_{\perp\perp}^{\text{C}})}$$

$$\cos^2\psi=\frac{\sigma_{nt}^2}{\sigma_{nl}^2+\sigma_{nt}^2},\quad \sin^2\psi=\frac{\sigma_{nl}^2}{\sigma_{nl}^2+\sigma_{nt}^2}$$

$$\sigma_n(\theta)=\sigma_{22}\cos^2\theta+\sigma_{33}\sin^2\theta+2\sigma_{23}\cos\theta\sin\theta$$

$$\sigma_{nt}(\theta)=-\sigma_{22}\cos\theta\sin\theta+\sigma_{33}\cos\theta\sin\theta+2\sigma_{23}(\cos^2\theta-\sin^2\theta)$$

$$\sigma_{nl}(\theta)=\sigma_{12}\cos\theta+\sigma_{13}\sin\theta$$

式中，$\sigma_n(\theta)$、$\sigma_{nt}(\theta)$、$\sigma_{nl}(\theta)$ 为潜在断裂面上的应力分量；$R_\perp^{\text{T}}$、$R_\perp^{\text{C}}$、$R_{\perp\parallel}^{\text{A}}$ 分别为复合材料单向板的横向拉伸强度、横向压缩强度和面内剪切强度；$p_{\perp\perp}^{\text{T}}$、$p_{\perp\perp}^{\text{C}}$ 为横向斜率参数；$p_{\perp\parallel}^{\text{T}}$、$p_{\perp\parallel}^{\text{C}}$ 为纵向斜率参数；T 和 C 分别对应拉伸状态和压缩状态，$p_{\perp\perp}^{\text{T}}$、$p_{\perp\parallel}^{\text{T}}$ 表示法向拉应力对基体损伤的促进作用；$p_{\perp\perp}^{\text{C}}$、$p_{\perp\parallel}^{\text{C}}$ 表示法向压应力对基体损伤的抑制作用。

5.3　层间失效准则

5.3.1　最大应力准则

对于宏观力学方法，最大应力准则可分为以下两种。

（1）最大剪应力准则。当层间剪应力达到层间剪切强度值时产生破坏，即认为层间破坏主要是由层间剪应力引起而造成层间剥离现象；在层合板同时具有层间剪应力 τ_{xz} 和 τ_{yz} 时，层间剪应力为两者矢量之和，大小为 $\tau = \sqrt{\tau_{xz}^2 + \tau_{yz}^2}$。层间失效准则可以表示为

$$\sqrt{\tau_{xz}^2 + \tau_{yz}^2} = S$$
$$\sigma_z = Z_t \tag{5.19}$$

式中，S 为层间剪切强度；Z_t 为层间拉伸强度。

（2）最大拉应力准则。当层间法向应力达到层间拉伸强度值时产生破坏，即认为层间破坏主要是由层间法向拉应力引起而造成层间剥离现象。其可以表示为

$$\frac{\sigma_3}{Z_t} = 1 \tag{5.20}$$

5.3.2　层间应力相互作用准则

当层间应力满足如下准则时，层合板就会发生层间失效：

$$\frac{\tau_{xz}^2 + \tau_{yz}^2}{S^2} + \frac{\sigma_z^2}{Z_t^2} = 1 \tag{5.21}$$

5.3.3　Tong-Norris 准则

当层间应力 $\sigma_3 > 0$ 时，有

$$\frac{\sigma_1^2 - \sigma_1\sigma_3}{X_t X_c} + \frac{\sigma_3}{Z_t} + \frac{\tau_{13}^2}{S_{13}^2} = 1 \tag{5.22}$$

5.3.4　二次分层失效准则

$$\left(\frac{\sigma_3}{Z_t}\right)^2 + \left(\frac{\tau_{13}}{S_{13}}\right)^2 + \left(\frac{\tau_{23}}{S_{23}}\right)^2 = 1 \tag{5.23}$$

5.3.5　Ye 分层准则

$$e_{\mathrm{d}}^2 = \begin{cases} \left(\dfrac{\sigma_{33}}{Z_{\mathrm{t}}}\right)^2 + \left(\dfrac{\tau_{13}}{S_{23}}\right)^2 + \left(\dfrac{\tau_{23}}{S_{23}}\right)^2 = 1, & \sigma_{33} > 0 \\[3mm] \left(\dfrac{\tau_{13}}{S_{13}}\right)^2 + \left(\dfrac{\tau_{23}}{S_{23}}\right)^2 = 1, & \sigma_{33} < 0 \end{cases} \tag{5.24}$$

5.3.6　Camanho-Matthews 层间失效准则

当 $\sigma_3 > 0$ 时，有

$$\left(\frac{\sigma_3}{Z_{\mathrm{t}}}\right)^2 + \left(\frac{\tau_{13}}{S_{13}}\right)^2 + \left(\frac{\tau_{23}}{S_{23}}\right)^2 = 1 \tag{5.25}$$

当 $\sigma_3 < 0$ 时，有

$$\begin{cases} \left(\dfrac{\tau_{23}}{S_{23}}\right)^2 + \left(\dfrac{\tau_{13}}{S_{13}}\right)^2 = 1 \\[3mm] \left(\dfrac{\sigma_2}{Y_{\mathrm{c}}}\right)^2 + \left(\dfrac{\tau_{12}}{S_{12}}\right)^2 = 1 \end{cases} \tag{5.26}$$

5.3.7　Tong 层间失效准则

$$\begin{cases} \dfrac{\sigma_1^2 - \sigma_1\sigma_3}{X_{\mathrm{t}}^2} + \left(\dfrac{\sigma_3}{Z_{\mathrm{t}}}\right)^2 + \left(\dfrac{\tau_{13}}{S_{13}}\right)^2 = 1 \\[3mm] \left(\dfrac{\sigma_1}{X_{\mathrm{t}}}\right)^2 + \left(\dfrac{\sigma_3}{Z_{\mathrm{t}}}\right)^2 + \left(\dfrac{\tau_{13}}{S_{13}}\right)^2 = 1 \\[3mm] \dfrac{\sigma_1^2 - \sigma_1\sigma_3}{X_{\mathrm{t}}X_{\mathrm{c}}} + \left(\dfrac{\sigma_3}{Z_{\mathrm{t}}}\right)^2 + \left(\dfrac{\tau_{13}}{S_{13}}\right)^2 = 1 \end{cases} \tag{5.27}$$

5.4　复合材料退化准则

复合材料在实验的加载过程中出现局部破坏后，一般情况下还能继续承载。基于单元内部的损伤，往往采用将材料性能逐渐退化的方法来等效材料的某种破

坏，从而使失效区域的应力降低。利用提出的破坏准则，可预测复合材料层合板的破坏，实现逐级损伤模型。一旦满足破坏准则，则应根据相应的破坏模式更新来降低弹性特性。

5.4.1　Camanho-Matthews 材料性能退化准则

刚度折减系数法就是一种三维损伤模型中采用的非渐进的参数退化方式，假设复合材料在发生某种形式的破坏后，相关的模量和泊松比直接衰减到 0，即完全失去承载能力。Camanho-Matthews 材料性能退化准则的折减系数如表 5.1 所示（Camanho and Matthews，1999）。

表 5.1　Camanho-Matthews 材料性能退化准则的折减系数

损伤模式	E_1	E_2	E_3	G_{12}	G_{13}	G_{23}	V_{12}	V_{13}	V_{23}
纤维拉伸	0.07	0.07	0.07	0.07	0.07	0.07	0.07	0.07	0.07
纤维压缩	0.14	0.14	0.14	0.14	0.14	0.14	0.14	0.14	0.14
纤维-基体剪切	—	—	—	0	—	—	0	—	—
基体拉伸	—	0.2	—	0.2	—	0.2	—	—	—
基体压缩	—	0.4	—	0.4	—	0.4	—	—	—
分层	—	—	0	—	0	0	—	0	0

5.4.2　Olmedo-Santiuste 材料性能退化准则

Olmedo-Santiuste 材料性能退化准则的具体折减系数如表 5.2 所示（Olmedo and Santiuste，2012）。

表 5.2　Olmedo-Santiuste 材料性能退化准则的折减系数

损伤模式	E_1	E_2	E_3	G_{12}	G_{13}	G_{23}	V_{12}	V_{13}	V_{23}
纤维拉伸	0.14	0.4	0.4	0.25	0.25	0.2	0	0	0
纤维压缩	0.14	0.4	0.4	0.25	0.25	0.2	0	0	0
纤维-基体剪切	—	—	—	0.25	0.25	—	0	0	—
基体拉伸	—	0.4	0.4	—	—	0.2	0	0	0
基体压缩	—	0.4	0.4	—	—	0.2	0	0	0

第6章 纤维缠绕压力容器的结构设计

6.1 基本力学性能测试

作为结构设计的前提，准确测量复合材料力学性能参数是研究的关键。复合材料强度的发挥不仅需要考虑纤维的选择，树脂的选择也极为重要，树脂对纤维浸润性、黏结性以及应力的传递起到了重要的作用。纤维缠绕压力容器是在纤维和树脂相结合的综合性能的基础上进行设计的，因此研究复合材料体系的力学性能在压力容器设计中是必不可少的环节。本节将结合国家现行的纤维缠绕复合材料测试标准，重点介绍两种纤维缠绕压力容器结构设计常用材料性能的确定方法和实验标准。

6.1.1 基于 NOL 环的基本力学性能测试

根据国家标准《纤维缠绕增强塑料环形试样力学性能试验方法》（GB/T 1458—2008）的相关要求进行 NOL（VS Naval Ordnance Laboratory）环的制备与测试。NOL 环的制备选用专用的 NOL 环单环模具，这样不仅可以保证每个单独的环槽内缠绕的连续性，还可以对 NOL 环的宽度与厚度进行有效控制，保证了试样尺寸的一致性。

1. NOL 环的制备

试样用单环缠绕法或圆筒切环法制作。这两种方法可采用湿法缠绕，如图 6.1 所示，也可采用干法缠绕。本节主要以采用湿法缠绕制备单环试样的情况进行说明。

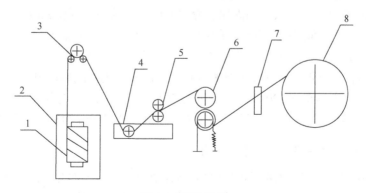

图 6.1 湿法缠绕

1-纱团；2-干燥箱；3-干纱张力辊；4-胶槽；5-挤胶辊；6-张力装置；7-丝嘴；8-模具

通过单环缠绕法来制作 NOL 环试样，如图 6.2 所示，内径为 150mm，宽度为（6±0.2）mm，壁厚为（1.5±0.1）mm。

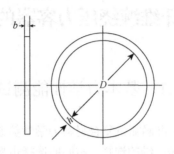

图 6.2　NOL 环试样

D-内径；*b*-宽度；*h*-厚度

准备工作如下：

（1）需要设备有缠绕机和单环模具，如果是圆筒切环法，则使用芯模，在进行缠绕之前需要对设备进行清洁。

（2）缠绕：将 NOL 环模具安装在数控缠绕机的主轴上，将纤维卷安装在纱架上，采用单股纱进行缠绕，在控制系统里输入纤维宽度、缠绕角度、丝嘴行程节点等参数，然后开始 NOL 环的自动缠绕，缠绕过程中要时刻关注纤维含胶量的变化，用刮胶板将多余树脂刮去。

（3）固化：将缠绕完成的模具放入固化炉中按照一定的固化制度进行升温固化，分为预固化、固化和后固化三个阶段。为了保证树脂均匀分布且受热均匀，在固化过程中模具需保持 4r/min 的转速进行旋转。

（4）脱模：固化后的单环试样，先卸去两侧外模，穿在一起用磨削或精车进行表面加工。加工完后，用压机脱去中模。

（5）后处理：缠绕张力和固化过程中的旋转作用会使固化完成后少量树脂附着在 NOL 环外表面，这会影响对试样尺寸参数的测量，因此需要用细砂纸对 NOL 环进行打磨处理，打磨至表面光滑平整露出纤维为止（刘雄亚和谢怀勤，1994）。关于环形试件的制造，可以参照国家标准《纤维缠绕增强塑料环形试样力学性能试验方法》（GB/T 1458—2008）、《纤维增强塑料拉伸性能试验方法》（GB/T 1447—2005）、《纤维增强塑料性能试验方法总则》（GB/T 1446—2005）的有关规定。

2. NOL 环拉伸实验及其参数计算

如图 6.3 所示，将 NOL 环的拉伸夹具分别与电子万能实验机的上下固定装置用销钉进行连接，再将 NOL 环固定在夹具上并施加一定的预紧力以保证 NOL 环位于夹具正中间且不会发生移动。以 2mm/min 的速度均匀施加拉力，直至试样最

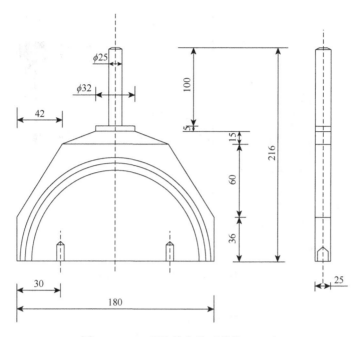

图 6.3　NOL 环拉伸实验（单位：mm）

终破坏，记录位移与拉伸载荷曲线，根据最终 NOL 环失效时的最大载荷可以计算出 NOL 环的抗拉强度。

纤维方向拉伸强度 σ_{LT} 和折算的纤维强度 σ_f 的计算公式为

$$\sigma_{LT} = \frac{p_B}{2bt} \tag{6.1}$$

$$\sigma_f = \frac{p_B}{2btV_t} \tag{6.2}$$

式中，p_B 为拉伸载荷，N；b 为试件宽度，cm；t 为试件厚度，cm；V_t 为纤维体积含量，%。

测定拉伸模量时，可在靠分离盘分离位置的环上沿纤维贴应变片。拉伸模量 E_L 计算为

$$E_L = \frac{\Delta P}{2bt\Delta\varepsilon} \tag{6.3}$$

式中，ΔP、$\Delta\varepsilon$ 分别为载荷增量和应变增量。

用此方法测得的纤维强度 σ_f 可以作为纤维缠绕压力容器的纤维设计强度。计算试件在纤维方向的压缩强度 σ_{Lc} 和压缩模量 E_c，同样可以用式（6.3）计算，载荷值和载荷增量相应用压缩实验（图 6.4）时的载荷替代。

剪切实验：对从环形试件上切取的弧形试件（图 6.5）做三点弯曲实验，可以测定环形试件的层间剪切强度。剪切实验装置如图 6.6 所示。

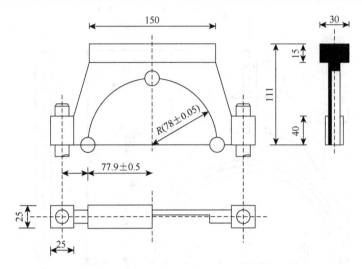

图 6.4 NOL 压缩实验（单位：mm）

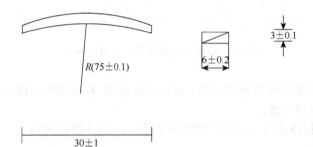

图 6.5 剪切弧形试件（单位：mm）

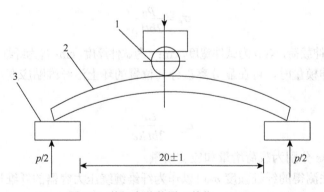

图 6.6 剪切实验装置（单位：mm）

1-上压头；2-试样；3-滑动支座

剪切实验中加载头的半径为 3mm。层间剪切强度 τ_s 计算为

$$\tau_{s} = \frac{3P_{B}}{4bt} \tag{6.4}$$

式中，P_{B} 为破坏时的载荷，N；b、t 分别为环形试件的宽度和厚度，mm。

6.1.2　基于单向板的基本力学性能测试

单向板可用来测定拉伸应力、拉伸弹性模量、断裂伸长率和应力-应变曲线，试样形式和尺寸如图 6.7 所示，厚度为 4mm。

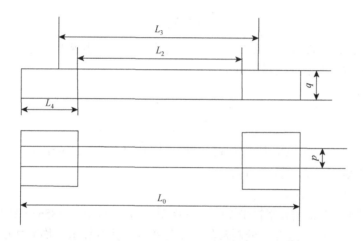

图 6.7　单向板试件（单位：mm）

与 NOL 环的制备方法类似，按照规定的配比将树脂与固化剂称量，充分搅拌均匀后放入真空干燥箱内去除内部的气泡，完成后将胶液倒入胶槽内。将单向板缠绕模具和纤维分别安装到缠绕主轴和纱架上，设置好缠绕程序后开始缠绕。缠绕结束后将单向板模具放入固化炉中，固化后将复合材料单向板从模具上取下，即制得单向板。

1）拉伸性能测试

按照《定向纤维增强聚合物基复合材料拉伸性能试验方法》（GB/T 3354—2014）的规定，在拉伸实验前首先需要将试样在实验室标准环境下放置 24h，接着对试样尺寸进行测量，在试样工作段上选择三处测量其厚度与宽度，计算算术平均数并记录数据。用实验机夹头对试样两端进行夹紧以保证试样在拉伸过程中不打滑，夹持区域应超过加强片总长的 2/3，同时保证试样中心线与拉伸方向基本相同，用导线将应变片连接到应变仪上。

按照 2mm/min 的速度连续加载直到试样破坏，记录试样失效模式、最大载荷和破坏载荷，同时在应变仪上读取应变-载荷变化曲线。根据以上数据分别计算单向板的拉伸强度、拉伸弹性模量和泊松比，拉伸强度的计算公式如下：

$$\sigma_t = \frac{p_{\max}}{wh} \qquad (6.5)$$

式中，σ_t 为拉伸强度，MPa；$p_{\max}$ 为试样承受的最大载荷，N；w 为试样宽度，mm；h 为试样厚度，mm。

拉伸弹性模量的计算需要在 0.001～0.003 的纵向应变范围内记录增量载荷，进而求得对应的应力增量，即

$$E_t = \frac{\Delta\sigma}{\Delta\varepsilon} \qquad (6.6)$$

式中，E_t 为拉伸弹性模量，MPa；$\Delta\sigma$ 为增量载荷对应的拉伸应力增量，MPa；$\Delta\varepsilon$ 为增量载荷对应的应变增量，mm/mm。

泊松比为

$$\mu_{12} = \frac{\Delta\varepsilon_L}{\Delta\varepsilon_H} \qquad (6.7)$$

式中，μ_{12} 为泊松比；$\Delta\varepsilon_L$ 为增量载荷对应的横向应变增量，mm/mm；$\Delta\varepsilon_H$ 为增量载荷对应的纵向应变增量，mm/mm。

2）单向板压缩测试

根据《单向纤维增强塑料平板压缩性能试验方法》（GB/T 3856—1983）制备试样，在试样工作段上选择三处测量其厚度与宽度，计算算术平均数并记录数据。将试样安装到压缩夹具中，将预垫块放置在压缩夹具上下楔块之间，两楔块之间的距离为 14mm，然后将压缩夹具安装到实验机上进行预加载，待试样夹紧后方可取下预垫块，清除载荷，最后用导线将应变片连接到应变仪上。

按照 1mm/min 的速度对试样进行连续加载直至试样破坏，记录试样失效模式、最大载荷和破坏载荷，同时在应变仪上读应变-载荷变化曲线。根据以上数据分别计算单向板的压缩强度和压缩弹性模量，压缩强度的计算公式如下：

$$\sigma_c = \frac{p_b}{bh} \qquad (6.8)$$

式中，σ_c 为压缩强度，MPa；p_b 为试样承受的最大载荷，N；b 为试样宽度，mm；h 为试样厚度，mm。

压缩弹性模量：

$$E_c = \frac{\Delta P}{bh\Delta\varepsilon} \qquad (6.9)$$

式中，E_c 为压缩弹性模量，MPa；ΔP 为应变-载荷曲线上初始直线段对应的载荷增量，N；$\Delta\varepsilon$ 为增量载荷对应的应变增量，mm/mm。

3）单向板剪切测试

根据《聚合物基复合材料纵横剪切试验方法》（GB/T 3355—2014）制备标准样件，并记录其厚度与宽度数据。将试样安装在实验机夹头上，保证试样轴线与夹头对中。以 1mm/min 的速度对试样进行连续加载直至试样破坏，记录试样失效模式、最大载荷和破坏载荷，同时在应变仪上读取应变-载荷变化曲线。根据以上数据分别计算单向板的剪切强度和剪切弹性模量，剪切强度的计算公式如下：

$$S = \frac{P_{max}}{2\omega h} \tag{6.10}$$

式中，S 为剪切强度，MPa；P_{max} 为试样承受的载荷，N；ω 为试样宽度，mm；h 为试样厚度，mm。

剪切弹性模量：在 0.002～0.006 的剪应变区间内选取 2 个剪应变及对应的剪应力来计算剪切弹性模量，即

$$G_{12} = \frac{\Delta\tau}{\Delta\gamma} \tag{6.11}$$

式中，G_{12} 为剪切弹性模量，MPa；$\Delta\tau$ 为两个剪应变点之间的剪应力差值，MPa；$\Delta\gamma$ 为两个剪应变点之间的剪应变差值，mm/mm。

6.2　芯模与内衬设计

芯模和内衬都是纤维缠绕工艺中的关键部件。芯模和内衬选用的结构、材料和刚度等对纤维缠绕容器壳体的尺寸精度、制作、设计、形状、力学性能和工艺流程都有很大影响。

6.2.1　芯模设计基础

芯模有各种各样的种类，依据制品的形状和需要，可选用不同的材料、结构和制作方式。一般可按以下几种情况分类（崔红等，2016；赫晓东等，2015；王耀先，2012）。

（1）按选用的材料分类：金属芯模、石蜡芯模、石膏芯模、木芯模、塑料芯模、砂芯模等。

（2）按结构分类：捆扎芯模、分瓣式芯模、伞式芯模、隔板式芯模、充气芯模等。

（3）按特殊用途分类：可膨胀芯模、加热芯模等。

在选择芯模时不仅要考虑生产批量、尺寸大小及性能的要求，还要考虑不同类型的纤维缠绕容器壳体制品、成型工艺和固化方式等方面。例如，当精度要求

不高时，尺寸较大的储罐或运输罐可以选择木制芯模、充气芯模等；当缠绕过程中需要很大的张力时，要尽量避免选择石膏芯模，因为当采用大张力时，石膏芯模容易发生塌陷等问题，从而影响产品质量。

常用的芯模材料主要有石英砂、钢、铝、石蜡、石膏等。下面以砂芯模为例简要介绍芯模的制备过程和设计过程。

1. 芯模的制备

将洗净的细砂、聚乙烯醇和水按照细砂：聚乙烯醇：水 = 100：2：（6~7）比例进行混合。将混合物装填在模具（半个芯模）中，放入烘箱内升温至110℃，保持6h，将水分蒸发掉。之后将硬结的两端芯模黏结起来，黏结剂与制作芯模用的聚乙烯醇相同，如图6.8所示。

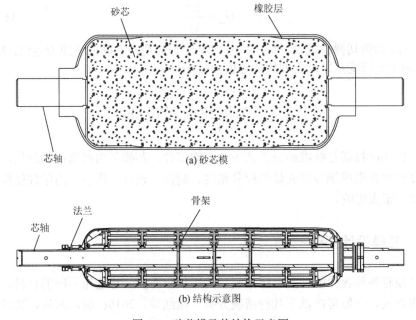

图 6.8　砂芯模及其结构示意图

2. 芯模设计基本要求

在缠绕过程中，应保证芯模能够保持尺寸形状，表面光滑整洁。另外，保证在固化过程中，能够满足固化方式和成型方法等。固化后，脱模方式简单、方便。

3. 芯模受力分析

芯模在制作和使用过程中主要受到以下几种力。

1）缠绕张力

在缠绕过程中，对纤维施加张力，因而引起芯模的径向压力和轴向压力。这种力的作用可以使芯模和制品发生径向收缩和轴向收缩，变形严重时能引起开裂和分层等。这种力的大小可参照（田开谟，1990）张力公式进行计算。

径向压力：

$$F_\varphi = \frac{\dfrac{2F_n}{a} + \dfrac{2F_m \sin^2 \alpha}{b}}{R_0} \qquad (6.12)$$

轴向压力：

$$F_z = \frac{2F_m \cos^2 \alpha}{b} \qquad (6.13)$$

式中，F_n 为环向缠绕第 n 层的缠绕张力，N；F_m 为纵向缠绕第 m 层的缠绕张力；R_0 为芯模半径，cm；a 为环向带宽，cm；α 为缠绕角；b 为纵向带宽，cm。

计算结果一般高于实际受力情况，这是因为纤维是柔性的，不可能将力全部传递给芯模。

2）本身自重力

芯模和纤维制品本身的重量会使芯模内产生剪应力、弯矩等，因此芯模将产生一定的挠度。挠度大小与芯模结构、材料性能、自重荷载大小等有关，芯模挠度过大，将会使芯模和制品发生开裂等。

3）惯性力

在缠绕、固化和机械加工时，因芯模运转、起动或停止而产生的惯性力与运转速度、起动和停止加速度以及芯模重量和重心位置有关。

4）热应力

由于芯模选用材料不同，导热系数、热膨胀系数也不同，因此在固化时由温度梯度而造成很大的热应力，这可能使芯模发生变形。

4. 芯模强度计算

根据芯模的结构、受力状态和芯模材料的性能等，对芯模结构各部件的强度进行计算，使其强度的安全极限大于 1，从而使芯模在使用期间安全可靠。如果计算结果表明强度不足，应采取加强措施，如调整芯模结构或选高强材料等。

1）封头段强度计算（田开谟，1990）

封头所受压力：

$$\sigma_p = \frac{2\prod R_0 F_{轴}}{S_1 - S_2} \qquad (6.14)$$

封头压缩强度：

$$\sigma_\text{S} = \frac{2E_\text{a}t_\text{a}^2}{p_0^2[3(1-\mu_\text{a})]} \tag{6.15}$$

安全极限：

$$\eta = \frac{\sigma_\text{a}}{\sigma_\text{p}} - 1 > 1 \tag{6.16}$$

式中，S_1 为封头表面积，cm^2；R_0 为芯模半径，cm；S_2 为开口表面积，cm^2；$F_\text{轴}$ 为轴向力，N；t_a 为封头壁厚，cm；μ_a 为泊松比；E_a 为弹性模量，MPa。

2）圆筒段强度计算

因缠绕张力 F 而产生对芯模圆筒段径向压力 σ_r。如果结构是用隔板支撑，那么隔板强度计算应为隔板受的应力（田开谟，1990）：

$$\sigma_\text{L} = \frac{\sigma_\text{r}R_0L}{R_\text{L}t_\text{L}} \tag{6.17}$$

隔板的压缩强度为

$$\sigma_\text{b} = 1.22\frac{E_\text{L}}{1-\mu_\text{L}}\left(\frac{t_\text{L}}{R_\text{L}}\right)^2 \tag{6.18}$$

式中，R_L 为隔板半径，cm；σ_L 为径向压力，N；t_L 为隔板厚度，cm；L 为隔板间距，cm；R_0 为芯模半径，cm；E_L 为弹性模量，MPa；μ_L 为泊松比。

5. 芯模刚度计算

芯模的刚度（田开谟，1990）对纤维缠绕制品的质量有很大影响，它影响缠绕工艺中张力的施加、制品中含胶量大小及分布、纤维的内应力和制品的精度等。芯模刚度与芯模结构、芯模材料性能以及芯模受力状态有关。

芯轴端挠度：

$$f_\text{a} = \frac{R_\text{f}l_\text{a}}{3EJ_\text{a}} \tag{6.19}$$

式中，R_f 为芯轴端头支持力，N；l_a 为芯轴端头长度，cm；J_a 为芯轴端头惯性矩，cm^4；E 为弹性模量，MPa。

芯模组合惯性矩：

$$\overline{J} = \pi\overline{R}^3\overline{t} \tag{6.20}$$

$$p_1^\text{b} = 2k_1f_1^\text{s}\sigma_1^\text{s}\left(2 - \frac{\sigma_1^\text{s}}{\sigma_1^\text{b}}\right) \tag{6.21}$$

芯模圆筒段挠度：

$$f_\text{c} = \frac{5Wl_\text{c}^3}{384E(J_0+\overline{J})} \tag{6.22}$$

芯模的挠度：

$$f_{\max} = f_a + f_c \tag{6.23}$$

式中，$\bar{R}$ 为中性轴半径，cm；$\bar{t}$ 为圆筒段当量厚度，cm；W 为自重载荷，kg；E 为弹性模量，MPa；$\bar{J}$ 为芯模圆筒段组合惯性矩，cm^4；l_c 为均布载荷长度，cm；J_0 为芯轴惯性矩，cm^4。

总之，通过芯模强度和刚度计算来调整芯模结构，以满足产品对芯模的要求，从而保证缠绕制品的质量。

6.2.2　金属内衬设计

在纤维缠绕压力容器结构设计过程中，为了减轻重量，通常采用薄金属内衬。由于薄金属内衬的承载能力较弱，分析时可忽略其承载能力或将其处理成容器壳体的一个各向同性缠绕层。但是，值得注意的是，厚金属内衬可以承受容器 1/3～1/2 的内压载荷，它是容器的重要承载构件，其承载能力不容忽视。另外，厚金属内衬与纤维缠绕层的黏结不牢固，固化时还会产生固化间隙，所以也不能简单地将其处理成容器壳体。为此，本节介绍一种面向设计的纤维缠绕金属内衬压力容器结构分析技术（Lifshitz and Dayan，1995）。

1. 力学特点

纤维缠绕金属内衬压力容器可能有三种失效模式：金属内衬的塑性屈服、纤维缠绕层的基体横向开裂和纤维断裂。只有纤维断裂被认为是容器的总体失效，而其他两种失效模式都被认为是容器的局部失效，即只会导致壳体结构材料某些性能的降低而不会导致容器总体失效。如图 6.9 所示，当内压达到 P_b 时纤维发生断裂，容器失效。从工艺的角度看，纤维缠绕层是在一定的温度下进行固化的，当固化温度冷却到室温条件时，在金属内衬与纤维缠绕层之间将产生一个微小的法向间隙，即

$$\Delta w = (\bar{\alpha}_\theta r_\theta^c - \alpha_\theta r_\theta^l)\Delta T \tag{6.24}$$

式中，r_θ^c、r_θ^l 分别为容器纤维缠绕层和金属内衬的第二曲率半径；ΔT 为从固化到室温的温差；$\bar{\alpha}_\theta$ 为纤维缠绕层的环向热膨胀系数；α_θ 为金属内衬的热膨胀系数。

2. 弹性分析

金属内衬、纤维缠绕层及其交界面均是与压力容器壳体同轴的旋转面。因此，在结构分析时，将纤维缠绕层和金属内衬分开考虑。交界面上的压力 P_c 即纤维缠绕层所承受的内压，金属内衬承受内压 P 和外压 P_c。由于金属内衬的厚度相对于壳体的曲率半径很薄，所以认为它相当于承受一个均匀内压 $P_l = P - P_c$。因此，在求得 P_c 和 P_l 之后，即可根据薄膜理论分别求得金属内衬与纤维缠绕层的应力和变形。

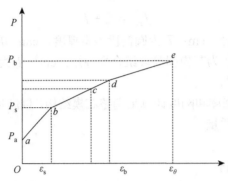

图 6.9　内压力与环向应变的关系

$O\text{-}a$ 段的弹性在弹性变形 $\Delta\omega$ 之内，$P_c = 0$，$P_1 = P$。当 $P = P_a$ 时，金属内衬的法向变形正好等于固化间隙 $\Delta\omega$。根据薄膜理论，求得金属内衬的闭合压力为

$$P_a = \frac{2E_1 t_1 \Delta w}{S_1} \qquad (6.25)$$

其中，

$$S_1 = (r_\theta^1)^2 (2 - v_1 - \mu_1) - \cos\left(\varphi \int \frac{r_\varphi^1 r_\theta^1}{\sin\varphi}[(1 - 2v_1) + 2(v_1 - 1)\mu_1 + \mu_1^2]\mathrm{d}\varphi\right) \quad (6.26)$$

式中，r_θ^1 为内衬第一曲率半径；E_1、μ_1 分别为内衬材料的弹性模量和泊松比；t_1 为内衬厚度；$v_1 = r_\theta^1 / r_\varphi^1$；$\varphi$ 为容器壳体的余纬角度。

1）$a\text{-}b$ 段的弹性

当 $P_a < P \leqslant P_s$ 时，$P_c > 0$，$P_1 = P - P_c < P$。相对于 P_a，容器内压 P 的增量为 $\Delta P_a = P - P_a$，由纤维缠绕层和金属内衬共同承受。因此，根据金属内衬与纤维缠绕层之间的变形协调关系，可求得它们承受的载荷分别为 $P_c = (P - P_a)/(1 + S_c)$，$P_1 = (S_c P + P_a)/(1 + S_c)$。

$$S_c = S_{\theta\theta} E_1 t_1 \left(\frac{r_\theta^c}{r_\theta^1}\right) \frac{2 - v_c - \mu_c}{2 - v_1 - \mu_1} \qquad (6.27)$$

式中，$S_{ij}(i, j = \varphi, \theta)$ 为容器壳体的薄膜柔度系数：$\mu_c = r_\theta^c / r_\varphi^c$；$v_c = -S_{\varphi\theta} / S_{\theta\theta}$。

当 $P = P_s$ 时，金属内衬在 b 点最先因屈服而失效。由此，求得壳体的屈服失效压力为 $p_s = \dfrac{(1 + S_c)P_1^s - P_a}{S_c}$，式中，$P_1^s$ 为金属内衬的屈服压力。假设金属内衬是理想的弹塑性材料，则有 $P_1^s = 2K_1 f_1^s \sigma_1^s$，式中，$\sigma_1^s$ 为内衬材料的屈服极限；f_1^s 为内衬的屈服系数，由强度理论可确定：$K_1 = t_1 / r_1^\theta$。

2）$b\text{-}e$ 段的弹性

金属内衬在屈服失效后开始进入材料应变强化阶段。由于外围的纤维缠绕层仍然处于弹性变形状态，将限制金属内衬塑性变形的进一步发展，因此金属内衬

的屈服并不会使壳体破坏。只有当发生纤维断裂时，壳体才会达到其极限承载能力而导致容器爆破。此时，壳体的爆破压力 P_b 由两部分组成：金属内衬的爆破压力 P_c^b 和纤维缠绕层的爆破压力 p。

6.2.3　非金属内衬设计

非金属内衬是研究Ⅳ型压力容器的重要环节。非金属内衬主要包括塑料内衬、橡胶内衬和复合材料内衬等。目前塑料内衬和橡胶内衬研究较多，在技术和工艺方面相对成熟。非金属内衬相对于金属内衬有以下几方面的优缺点（李军英和王秉权，1999）。

1. 非金属内衬的优点

（1）能节省成本。塑料内衬本身比金属内衬便宜。

（2）高压循环寿命长。对于塑料内衬的复合材料压力容器，常常从零压到使用压力循环充压放压达 10 万余次。

（3）防腐蚀。塑料内衬不受各种腐蚀材料的影响，代表着一种新技术，能促进市场开发。

2. 非金属内衬的缺点

（1）可能通过接头浸漏。塑料内衬与接头之间很难获得可靠的密封，塑料与金属之间长期的黏结性能不好，高压气体分子浸入塑料与金属结合处，当内部气体迅速释放时产生极大膨胀力。由于塑料与金属之间的热膨胀系数不同，随着时间变化，逐渐减弱金属与塑料之间的黏结力。在载荷不变的情况下，最后塑料也趋于凹陷。这些问题可以得到解决，但需要做大量的、有创造性的研究与测试工作。

（2）碰撞强度低。塑料内衬对纤维缠绕层没有结构增强或提高刚度的作用，因此通常在塑料内衬的复合材料压力容器的外面增加加强层厚度。为防止碰撞和损伤，也能在压力容器封头处加上泡沫减振材料，然后在外面做复合材料加强保护层。然而，在重量上不比同样容积的铝内衬复合材料压力容器轻。

（3）气体可能透过。塑料内衬必须用适当的材料和厚度，在允许低渗透率下存储气体，气瓶存储的甲烷不能含氢分子。

（4）内衬与复合材料黏结脱落。研究表明，随着时间推移，内衬与复合材料加强层之间会分离，这可能是由工作压力快速泄压或老化收缩引起的。

（5）塑料内衬对温度敏感。当压力容器从高压快速泄压到 0 时，内表面温度下降多达 35℃。低温可能引起塑料内衬脆裂和破裂。

（6）塑料内衬的复合材料压力容器通常比同样规格的金属内衬复合材料压力容器重。

以下结合国家规范对压力容器非金属内衬检验进行简单介绍。根据非金属及非金属内衬压力容器的特点，将其非金属部分的安全状况分为各个等级，按照下述规定进行评定。综合评定安全状况等级为 1 级、2 级的，检验结果为符合要求，可以继续使用；安全状况等级为 3 级的，检验结论为基本符合要求，监控使用；安全状况等级为 4 级的，检验结论为不符合要求，不能继续在当前工况（特别是介质）下使用，但可用于其他适合的介质，监控使用；安全状况为 5 级的，不符合要求，不能用于腐蚀性介质。塑料内衬的安全状况评定等级按照以下要求评定：

①内表面光亮如新，没有腐蚀失光、变色、老化开裂、渗漏，无磨损、机械接触损伤，无裂纹和鼓包，连接部位没有开裂、拉托现象，附件完好，内衬层与金属没有分层时，为 1 级。

②内表面有轻微的腐蚀失光、变色现象，或磨损、机械接触损伤现象，无裂纹、老化开裂、渗漏和鼓包，连接部位没有开裂、拉托现象，附件完好，内衬层与金属没有明显分层时，为 2 级。

③塑料和塑料内衬压力容器经过局部修复时，为 3 级。

④内表面有明显的腐蚀现象，或者有明显的磨损、裂纹、机械接触损伤，塑料压力容器没有出现老化开裂、泄漏和严重变形，塑料内衬压力容器经 5kV 直流高电压检测通过时，为 4 级；不通过时，为 5 级。

⑤内表面有严重腐蚀、磨损、裂纹、老化开裂、机械接触损伤等，塑料内衬压力容器出现泄漏和严重变形，连接部位有开裂、拉托现象，塑料内衬压力容器经 5kV 直流高电压检测通过时，为 4 级；不通过时，为 5 级。

⑥定为 4 级的容器，如果有腐蚀破坏现象，则不能继续在当前介质下使用；如果有明显的磨损、机械接触损伤，则应当消除损伤的原因且综合判定损伤对设备安全性造成的影响。

⑦定为 5 级的容器，已失去塑料设备的使用性能。

⑧对于可拆卸和可更换的塑料零部件在检查中发现腐蚀、磨损、破损时，如果更换新件，则不影响安全状况等级评定；非金属与非金属内衬压力容器金属基体及部件、安全附件检验的格式应按照规范进行撰写。

6.3　封头厚度预测

在纤维缠绕复合材料压力容器的仿真设计与分析中，筒身段和封头段复合层厚度的精确求值是非常重要的。尤其是封头段不断变化的厚度对建模和仿真造成极大的影响，导致分析结果与理论计算和实际结果产生较大误差。本节在前人经验与工作的基础上，介绍工程实践中应用较多的一种方法：三次样条函数法（矫维成等，2010），并对此方法进行适当改进。

在纤维成型复合材料压力容器时，纱带一片挨着一片在封头段与极孔相切，如图 6.10 所示。带 1～带 n 的每条纱带都要覆盖 A 点，且彼此重叠，导致两个带宽范围内 A 点的厚度不断叠加。当采用单公式法、Knoell 等式法和双公式法等预测封头厚度时，计算结果表明在 A 点处会呈现一个厚度峰。然而，实际的复合材料压力容器封头并不存在厚度峰，而是整个封头段的厚度分布比较平滑。这是因为复合材料压力容器在成型和固化期间纤维产生了跨度、孔隙、滑移、重新取向等，致使最高点 A 处的厚度峰被分散开，也使得固化后的复合材料压力容器封头型面的曲线是平滑连续的。考虑到封头段所有缠绕纤维总体积不发生改变，采用三次样条函数法预测封头上的纤维厚度，特别是极孔附近两个带宽范围内的厚度分布。在靠近极孔附近两个带宽范围内建立样条函数：

$$t(r_i) = m_1 r_i^0 + m_2 r_i^1 + m_3 r_i^2 + m_4 r_i^3 \tag{6.28}$$

式中，系数 m_1、m_2、m_3、m_4 通过四个边界条件求得，其边界条件分别如下：

（1）筒身段与极孔处纱片数相等；

（2）两带宽范围内厚度所满足的几何约束；

（3）由封头段曲面轮廓光滑连续可推导出封头厚度曲线方程连续可导；

（4）两带宽范围内纤维体积不变，求得结果如下：

$$\begin{bmatrix} m_1 \\ m_2 \\ m_3 \\ m_4 \end{bmatrix} = \begin{bmatrix} 1 & r_0 & r_0^2 & r_0^3 \\ 1 & r_{2b} & r_{2b}^2 & r_{2b}^3 \\ 0 & 1 & 2r_{2b} & 3r_{2b}^3 \\ \pi(r_{2b}^2 - r_0^2) & \frac{2\pi}{3}(r_{2b}^3 - r_0^3) & \frac{\pi}{2}(r_{2b}^4 - r_0^4) & \frac{2\pi}{5}(r_{2b}^5 - r_0^5) \end{bmatrix}$$
$$\begin{bmatrix} t_R \pi R \cdot \cos\alpha_0 / (m_0 \cdot b) \\ \frac{m_R n_R}{\pi}\left[\arccos\left(\frac{r_0}{r_{2b}}\right) - \arccos\left(\frac{r_0 + b}{r_{2b}}\right) t_p \right] \\ \frac{m_R n_R}{\pi}\left[\frac{r_0}{r_{2b}\sqrt{r_{2b}^2 - r_0^2}} - \frac{r_b}{r_{2b}\sqrt{r_{2b}^2 - r_0^2}} t_p \right] \\ V \end{bmatrix} \tag{6.29}$$

式中，n_R 为筒身段螺旋缠绕单层数；m_R 为筒身段纱片数；m_0 为极孔处纱片数；t_p 为单层纱带厚度；V 的表示如下：

$$V = \int_{r_0}^{r_b} rM \arccos\left(\frac{r_0}{r}\right) dr + \int_{r_0}^{r_b} rM\left[\arccos\left(\frac{r_0}{r}\right) - \arccos\left(\frac{r_b}{r}\right) \right] dr \tag{6.30}$$

其中，

$$M = 1 / \arcsin \left\{ \frac{\sqrt{\left[\sqrt{R^2 - r_0^2} - \sqrt{R^2 - r_b^2}\right] + b^2}}{2R} \right\} \tag{6.31}$$

两个带宽以外的地方，由于纤维连续缠绕，封头上各截面处的纤维总量与筒身缠绕的纤维总量相等：

$$t_R = \frac{m_R \cdot n_R}{\pi} \left\{ \arccos\left(\frac{r_0}{r_{2b}}\right) - \arccos[(r_0 + b) / r_{2b}] \right\} t_p \tag{6.32}$$

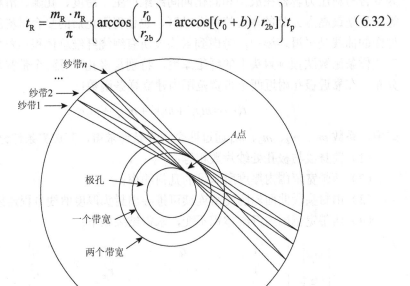

图 6.10　纱线与极孔相切

本节选择 6.8L 的铝合金内衬进行纤维缠绕且测量纤维厚度并与三次样条函数法预测的结果进行对比，内衬的型号为 LWD144-6.8-2.0，总长为 515mm，压力容器外径为 φ144mm，压力容器瓶口螺纹为 M18×1.5。根据公式得到筒身段螺旋缠绕角为 12.7°，螺旋缠绕加环向缠绕一共 14 层，测得单层纱厚为 0.2mm，纱宽为 6mm。测量设备为 METEK 公司制造的 HandySCAN 3D 三维激光扫描仪，精度为 0.025mm，可以对缠绕压力容器的轮廓尺寸进行精确测量。

首先将扫描仪与计算机进行连接，打开控制软件后利用专用的校准平板对扫描仪进行初始化并校准，将内衬固定在缠绕机主轴上，在表面粘贴一定数量的定位片，定位片的作用是作为基准点来辅助扫描仪对被测物体表面进行定位，从而能够准确生成物体的整体轮廓。一边缓慢转动内衬一边手持扫描仪对内衬轮廓进行扫描，同时扫描仪与被测内衬之间的距离应该保持在 30cm 左右，太近或太远都会导致扫描无法成像。扫描完成后将内衬的轮廓文件保存，接着安装纤维、配备树脂、对内衬进行缠绕和固化，固化完成后采用同样的方法扫描得到缠绕后的内衬轮廓。将得到的两个轮廓文件在 Geomagic Control 软件中进行坐标系对齐拟合，进而可以得到复合材料纤维层的厚度。与三次样条函数法的预测结果进行对比发现在距离极孔 2 个带宽以外厚度结果基本一致，在 2 个带宽范围内理论值与实际测量的误差最大为5.61%，这是由于在缠绕过程中出现滑纱现象导致与理论值发生偏差，但相较于其他厚度预测方法，三次样条函数法能够很好地预测封头实际的厚度分布情况。

综上所述，封头处厚度分布情况可有以下几点进行说明。

（1）针对复合材料压力容器封头型面，基于封头段所有缠绕纱带总体积保持不变条件，提出了一种采用三次样条函数来预测复合材料压力容器封头段厚度的方法。

（2）如图 6.11 所示，三次样条函数法预测厚度与实际厚度的对比分析结果表明，除极孔周围区域误差较大外，三次样条函数法能够较好地预测封头段的厚度分布情况，并解决了 Knoell 等式法、双公式法等传统方法必须采用两个公式（一个公式用于一个带宽以内，另一个公式用于一个带宽以外）对封头厚度进行预测的弊端。

（3）与传统预测方法的对比结果表明，三次样条函数法较之传统方法更能够为复合材料压力容器的有限元建模分析及结构设计提供准确的厚度参数。

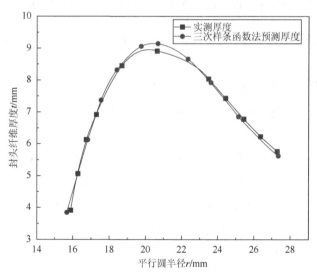

图 6.11　封头处实测厚度与三次样条函数法预测厚度的对比

6.4　复合材料层设计

复合材料是由两种或两种以上的材料组合而成的，其力学性能与各向同性材料有很大不同，立足于复合材料力学理论，复合材料压力容器的设计理论在大量学者的努力研究下日趋完善，目前在工程中常用的理论有层合板理论和网格理论。

6.4.1 基于经典层合板理论的设计

通过截面法和静力平衡条件可导得筒身截面内的轴向单位内力 N_φ：

$$N_\varphi = \frac{1}{2}R \tag{6.33}$$

和周向单位内力 N_θ：

$$N_\theta = RP \tag{6.34}$$

式中，R 为筒体中面半径；P 为容器承受的内压强

筒身段在轴向力和环向力的作用下的应变为

$$\begin{bmatrix} \varepsilon_\varphi \\ \varepsilon_\theta \end{bmatrix} = \begin{bmatrix} A_{11} & A_{12} \\ A_{21} & A_{22} \end{bmatrix}^{-1} \begin{bmatrix} N_\varphi \\ N_\theta \end{bmatrix} \tag{6.35}$$

对于拉伸刚度矩阵 A 的分量，假设层合板是由 k 个单层板叠合而成的，并且在每个单层组内模量 $\overline{Q_{ij}}^{(k)}$ 不变，则 A_{ij} 可以写成

$$A_{ij} = \int_{-h/2}^{h/2} \overline{Q_{ij}}^{(k)} \mathrm{d}z = \sum_{k=1}^{n} \overline{Q_{ij}}^{(k)} (Z_k - Z_{k-1}) = \sum_{k=1}^{n} \overline{Q_{ij}}^{(k)} t_k \tag{6.36}$$

式中，t_k 为 k 单层组的厚度；$\overline{Q_{ij}}^{(k)}$ 为 k 单层组的偏轴模量。

偏轴模量 $\overline{Q_{ij}}^{(k)}$ 为

$$\begin{cases} \overline{Q}_{11} = Q_{11}c^4 + (2Q_{12} + 2Q_{66})c^2s^2 + Q_{22}s^4 \\ \overline{Q}_{12} = (Q_{11} + Q_{12} - 4Q_{66})c^2s^2 + Q_{12}(c^4 + s^4) \\ \overline{Q}_{22} = Q_{11}s^4 + 2(Q_{12} + 2Q_{66})c^2s^2 + Q_{22}c^4 \\ \overline{Q}_{16} = -Q_{22}cs^3 + Q_{11}c^3s - (Q_{12} + 2Q_{66})(c^2 - s^2)cs \\ \overline{Q}_{26} = -Q_{22}c^3s + Q_{11}cs^3 + (Q_{12} + 2Q_{66})(c^2 - s^2)cs \\ \overline{Q}_{66} = (Q_{11} + Q_{22} - 2Q_{12})c^2s^2 + Q_{66}(c^2 - s^2)^2 \end{cases} \tag{6.37}$$

式中，$c = \cos\alpha$；$s = \sin\alpha$；α 为纤维在筒身段的缠绕角。

主轴刚度矩阵 Q 为

$$Q_{11} = \frac{E_1}{1 - \mu_{12}\mu_{21}}, \quad Q_{22} = \frac{E_2}{1 - \mu_{12}\mu_{21}}$$

$$Q_{12} = \frac{\mu_{12}E_2}{1 - \mu_{12}\mu_{21}}, \quad Q_{66} = G_{12} \tag{6.38}$$

式中，E_1、E_2、G_{12} 和 μ 分别为复合材料单层板的横向及纵向拉伸模量、剪切模量和泊松比。

由此，偏轴应力关系可以写为

$$\begin{bmatrix} \delta_x \\ \delta_y \\ \tau_{xy} \end{bmatrix} = \begin{bmatrix} \overline{Q}_{11} & \overline{Q}_{12} & \overline{Q}_{16} \\ \overline{Q}_{21} & \overline{Q}_{22} & \overline{Q}_{26} \\ \overline{Q}_{61} & \overline{Q}_{62} & \overline{Q}_{66} \end{bmatrix} \begin{bmatrix} \varepsilon_x \\ \varepsilon_y \\ \gamma_{xy} \end{bmatrix} \tag{6.39}$$

坐标转换矩阵 T 为

$$T = \begin{bmatrix} c^2 & s^2 & cs \\ s^2 & c^2 & -cs \\ -2cs & 2cs & c^2 - s^2 \end{bmatrix} \tag{6.40}$$

式中，$c = \cos\alpha$；$s = \sin\alpha$；α 为纤维在筒身段的缠绕角。

由式（6.40）可将轴向和环向的应变转换到纤维方向上：

$$\begin{bmatrix} \varepsilon_1 \\ \varepsilon_2 \\ \gamma_{12} \end{bmatrix} = T \begin{bmatrix} \varepsilon_\varphi \\ \varepsilon_\theta \\ \gamma_{xy} \end{bmatrix} \tag{6.41}$$

可得到纤维方向的正轴应力为

$$\begin{bmatrix} \delta_1 \\ \delta_2 \\ \tau_{12} \end{bmatrix} = QT \begin{bmatrix} \varepsilon_x \\ \varepsilon_y \\ \gamma_{xy} \end{bmatrix} \tag{6.42}$$

由 Tsai-Wu 公式得

$$F_{11}\sigma_1^2 + 2F_{12}\sigma_1\sigma_2 + F_{22}\sigma_2^2 + F_{66}\tau_{12}^2 + F_1\sigma_1 + F_2\sigma_2 < 1$$

$$F_{12} = -\frac{1}{2}\sqrt{F_{11}F_{22}} = -\frac{1}{2}\sqrt{\frac{1}{X_t X_c Y_t Y_c}}$$

$$F_1 = \frac{1}{X_t} - \frac{1}{X_c}$$

$$F_{11} = \frac{1}{X_t X_c}$$

$$F_2 = \frac{1}{Y_t} - \frac{1}{Y_c}$$

$$F_{22} = \frac{1}{Y_t Y_c}$$

$$F_{66} = \frac{1}{S^2}$$

通过调节各角度对应层数，用 Tsai-Wu 公式可以对由层合板理论设计出的各个缠绕角单层是否失效进行校核。

6.4.2 筒身段网格理论

如图 6.12 所示，在压力容器筒身段取一微元体，在内压载荷和自身薄膜内力作用下，该微元体处于平衡状态，对于承受均匀内压下的薄壁壳体，轴向单位内力 N_φ 和周向单位内力 N_θ 与结构的曲率之间存在如下关系：

$$\frac{N_\varphi}{R_\varphi} + \frac{N_\theta}{R_\theta} = P \tag{6.43}$$

由壳体平衡条件可得

$$\begin{cases} N_\varphi = \dfrac{1}{2} R_\theta P \\ N_\theta = \dfrac{1}{2} R_\theta P \left(2 - \dfrac{R_\theta}{R_\varphi} \right) \end{cases} \tag{6.44}$$

对于圆柱形的筒身段，$R_\varphi = +\infty$，$R_\theta = R$，因此筒身段微元体轴向单位内力 N_φ 和周向单位内力 N_θ 为

$$N_\varphi = \frac{1}{2} RP, \quad N_\theta = RP \tag{6.45}$$

式中，R 为筒体半径；P 为筒身段所受内压。

对于筒身结构，纤维缠绕车载氢气压力容器在筒身段一般采用螺旋缠绕结合环向缠绕。取筒身段网格微元进行受力分析，如图 6.12 所示，满足平衡条件的静力方程为

$$\begin{cases} N_\varphi = \sigma_{f\alpha} t_{f\alpha} \cos^2 \alpha \\ N_\theta = \sigma_{f\alpha} t_{f\alpha} \sin^2 \alpha + \sigma_{f\theta} t_{f\theta} \end{cases} \tag{6.46}$$

式中，$t_{f\alpha}$ 与 $t_{f\theta}$ 分别为螺旋缠绕层总厚度以及环向缠绕层总厚度；$\sigma_{f\alpha}$ 与 $\sigma_{f\theta}$ 分别为螺旋纤维与环向纤维在筒身段的纤维方向应力。若网格应变为 ε，则在位移连续的前提条件下，纤维层在筒身段的几何方程为

$$\varepsilon = \varepsilon_{f\alpha} = \varepsilon_{f\theta} \tag{6.47}$$

根据胡克定理，结合式（6.46）和式（6.47），筒身段物理方程为

$$\begin{cases} N_\varphi = \varepsilon E_f t_{f\alpha} \cos^2 \alpha \\ N_\theta = \varepsilon E_f (t_{f\alpha} \sin^2 \alpha + t_{f\theta}) \end{cases} \tag{6.48}$$

由式（6.48）中两式相比，可得筒身段薄膜内力比为

$$\eta = \frac{N_\varphi}{N_\theta} = \frac{\cos^2 \alpha}{\sin^2 \alpha + \lambda_{\theta\alpha}} \tag{6.49}$$

$$\lambda_{\theta\alpha} = (\eta + 1) \cos^2 \alpha - 1 \tag{6.50}$$

式中，$\lambda_{\theta\alpha} = \dfrac{t_{f\theta}}{t_{f\alpha}}$ 为环向缠绕层厚度与螺旋缠绕层厚度的比值。由式（6.50）可知，螺旋缠绕厚度与环向缠绕厚度的比值由薄膜内力比和缠绕角确定。

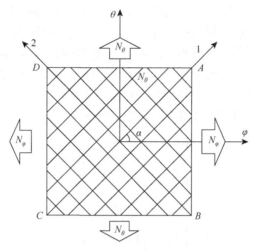

图 6.12 筒身段螺旋网格微元受力示意图

（1）网格理论下纤维应力-应变的计算：由式（6.48）可推导出均衡应变为

$$\varepsilon = \frac{N_\varphi}{E_f t_{f\alpha} \cos^2 \alpha} \tag{6.51}$$

根据胡克定理可得纤维应力为

$$\sigma_{f\alpha} = \sigma_{f\theta} = \frac{N_\varphi}{t_{f\alpha} \cos^2 \alpha} \tag{6.52}$$

（2）纤维缠绕层厚度计算：结合式（6.45）和式（6.46）有

$$\begin{cases} \dfrac{1}{2} RP = \varepsilon E_f t_{f\alpha} \cos^2 \alpha \\ RP = \varepsilon E_f (t_{f\alpha} \sin^2 \alpha + t_{f\theta}) \end{cases} \tag{6.53}$$

在已知纤维的极限应变 $\varepsilon_{\max}$ 或者纤维的极限应力 $\sigma_{f\max}$，以及压力容器筒身段半径 R 和筒身段纤维的缠绕角 α 后，设计爆破压力为 P_b 的压力容器则可根据网格理论和已知工况条件设计螺旋缠绕层和环向缠绕层的厚度：

$$\begin{cases} t_{f\alpha} = \dfrac{RP_b}{2K\varepsilon_{\max} E_f \cos^2 \alpha} \\ t_{f\theta} = \dfrac{RP_b}{2\varepsilon_{\max} E_f} (2 - \tan^2 \alpha) \end{cases} \quad \text{或} \quad \begin{cases} t_{f\alpha} = \dfrac{RP_b}{2K\sigma_{\max} \cos^2 \alpha} \\ t_{f\theta} = \dfrac{RP_b}{2\sigma_{\max}} (2 - \tan^2 \alpha) \end{cases} \tag{6.54}$$

式中，K 为螺旋纤维强度利用系数。

6.4.3　封头段网格理论

　　与筒身段缠绕层恒定的缠绕角和厚度所不同的是，封头区域的纤维角度和厚度是连续变化的，这使得封头应力分析相对筒身段来说困难大幅提升，因此封头区域的研究也成为国内外学者和工程师关注及研究的重点。本节通过网格理论研究封头区域厚度和缠绕角的变化规律，为后续的结构设计和力学分析提供准确的参数输入。如图 6.13 所示，封头形状回转薄壁壳体，其主曲率坐标由经线和纬线构成，根据微分几何相关原理得到封头的主曲率半径 R_φ 和 R_θ 的计算公式如下：

$$\begin{cases} R_\varphi = -\dfrac{\left[1 + \left(\dfrac{\mathrm{d}r}{\mathrm{d}z}\right)^2\right]^{3/2}}{\dfrac{\mathrm{d}^2 r}{\mathrm{d}z^2}} \\[4mm] R_\theta = r\left[1 + \left(\dfrac{\mathrm{d}r}{\mathrm{d}z}\right)^2\right]^{1/2} \end{cases} \tag{6.55}$$

式中，$r = r(z)$ 为曲面母线方程。

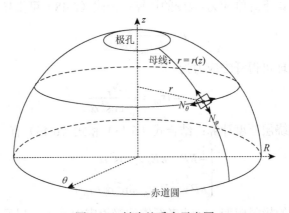

图 6.13　封头处受力示意图

　　由式（6.43）和式（6.44）可知，封头处任一位置的薄膜内力为

$$\begin{cases} N_\varphi = \dfrac{1}{2} R_\theta P \\[3mm] N_\theta = \dfrac{1}{2} R_\theta P\left(2 - \dfrac{R_\theta}{R_\varphi}\right) \end{cases} \tag{6.56}$$

根据纤维缠绕的工艺特性，封头处缠绕纤维的分布具有以下三个规律。

（1）每一层布满内衬的螺旋层是由两个 $\pm\alpha$ 的单层组成的，两单层在任一位置沿曲面的经线对称，形成螺旋状网格。

（2）缠绕角 α 是纬线圆半径的函数，即 $\alpha=\alpha(r)$。在封头与筒身段交界处，缠绕角等于筒身处缠绕角，在极孔处纤维与极孔圆相切，缠绕角为 $90°$。

（3）由于纤维的连续缠绕，封头各纬线圆处的纤维总量与筒身处缠绕的纤维总量相等。

由规律（1）结合式（6.48）可得封头处任一点的静力平衡方程为

$$\begin{cases} N_\varphi = \sigma_{f\alpha} t_{f\alpha} \cos^2\alpha \\ N_\theta = \sigma_{f\alpha} t_{f\alpha} \sin^2\alpha \end{cases} \tag{6.57}$$

则纬向和经向的内力比为

$$\eta = N_\theta / N_\varphi = \tan^2\alpha \tag{6.58}$$

结合式（6.55）、式（6.56）和式（6.58），导出封头处缠绕角的微分方程为

$$\tan^2\alpha = 2 + \frac{r\dfrac{\mathrm{d}^2 r}{\mathrm{d}z^2}}{1+\left(\dfrac{\mathrm{d}r}{\mathrm{d}z}\right)^2} \tag{6.59}$$

由式（6.56）、式（6.58）和式（6.59）可导出纤维应力方程为

$$\sigma_f = \frac{pr}{2t_f \cos^2\alpha}\left[1+\left(\frac{\mathrm{d}r}{\mathrm{d}z}\right)^2\right]^{1/2} \tag{6.60}$$

由封头缠绕规律（3）可知压力容器各纬线圆处纤维的总截面积：

$$2\pi R t_{f\alpha}\cos\alpha_0 = 2\pi r t_f \cos\alpha \tag{6.61}$$

由式（6.61）可得封面任一纬线圆处纤维厚度为

$$t_f = \frac{R\cos\alpha_0}{r\cos\alpha}\cdot t_{f\alpha} \tag{6.62}$$

根据纤维等应力和测地线缠绕的边界条件，化简式（6.59）、式（6.60）和式（6.62）可得封头处网格理论的三个基本方程。

（1）封头处任一纬线圆位置的缠绕角：

$$\sin\alpha = r_0 / r \tag{6.63}$$

（2）对应纤维方向应力：

$$\sigma_f = \frac{Rp}{2t_{f\alpha}\cos^2\alpha_0} \tag{6.64}$$

（3）封头上纤维厚度：

$$t_f = \sqrt{\frac{R^2 - r_0^2}{r^2 - r_0^2}}\cdot t_{f\alpha} \tag{6.65}$$

由式（6.65）可知，封头处纤维厚度分布是纬线圆半径的函数，随着半径的减小，厚度增大，形成纤维厚度在封头处堆积的工艺现象。当 $r = R$ 时，封头与筒身交界处厚度等于筒身段纤维厚度。

6.4.4 材料-线型-结构一体化设计

复合材料最大的一个工艺特点就是制造和材料成型同时完成，这要求结构设计与材料设计同步，结构设计和材料成型需要综合起来，从而决定了复合材料压力容器材料、线型、结构密不可分，在研制过程中必须实现材料、线型、结构的综合设计。

复合材料压力容器在研制过程中强调材料、制造、结构的一体化设计，如图6.14所示。首先设计人员根据需要进行材料的选择，具体包括纤维和树脂的种类以及内衬的类型，对纤维和匹配的树脂进行基本力学性能的测试。然后确定缠绕方案和铺层设计后在三维 CAD 软件的设计平台上进行几何建模，其间与分析人员反复交互，确定设计参数，验证设计结果并修改设计，直至完成最优设计。与此同时，工艺人员进行工艺设计并将工艺参数提供给设计人员，包括缠绕角、缠绕厚度等工艺参数，用来指导设计人员修改设计。同时，工装模具人员根据工艺人员制定的工装技术要求和设计人员设计的缠绕方案进行工装的设计和制造，设计人员、工艺人员、工装模具人员反复交流、修改，才能在制造时得到合格的复合材料产品。

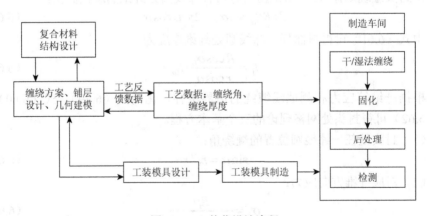

图 6.14 一体化设计流程

第7章　纤维缠绕压力容器的强度分析

7.1　内衬/芯模强度校核

研制、发射空间系统的高额费用和技术风险，促进了压力容器设计和分析技术的飞速发展。最初，用于航天器的压力容器多为全金属结构，20 世纪 60 年代以后开始采用纤维缠绕金属内衬。至 80 年代中期，高性能碳纤维缠绕与无焊缝铝内衬制造技术相结合，实现了高压容器的低成本、小质量和高可靠性。随着设计、分析、制造工艺等技术的进步和材料性能的提高，纤维缠绕金属内衬压力容器的性能越来越高，其应用范围也越来越广，对现代航天技术的发展产生了重要作用。

复合材料压力容器的内衬层的主要作用是作为缠绕芯模、密封、防腐、承担部分载荷。因此，在选用内衬材料时，必须考虑到内衬层的上述功能。常用的两类内衬材料是金属材料和塑料材料。用金属材料制成的无缝内衬，能有效防止储存介质的泄漏，并且利用金属材料的塑性本构关系，对压力容器进行自紧之后，能够有效提高压力容器的承载能力和循环疲劳寿命。此外，金属内衬在较高的内压作用下，使得因压力循环出现的裂纹趋于闭合，因此金属内衬具有自密封的特性。塑料内衬的优点有成本低、高压循环寿命长、防腐蚀性强和市场倾向性好。

1. 厚度

厚度对最大应变和最大应力有极其重要的影响，所以内衬厚度主要取决于循环寿命要求。内衬最大应变是评价内衬设计适当与否的重要参数。若应变太大，则内衬可能在纤维缠绕层完全达到其强度之前即已失效。在评价内衬设计能否满足验证和爆破实验要求时，内衬最大应力虽然并无实际的物理意义，但它却是确定内衬稳定性所必需的参数。另外，内衬厚度还受制于加工公差、可生产性、运输和腐蚀防护等要求。根据壁厚的变化，内衬大致可分为薄膜区、过渡区和焊接区（限于有焊缝内衬）三个区域。薄膜区厚度薄而均匀；封头凸台和赤道附近壁厚渐增，形成过渡区和焊接区；封头凸台和焊缝处厚度最大。从受力的特性来看，内衬过渡区和焊接区是影响内衬设计质量的两个临界区域，是设计的重点。

2. 过渡区

内衬过渡区因其壁厚变化剧烈而成为最大应变区域，并与纤维缠绕层相互作用。因此,过渡区是决定压力容器循环寿命的临界区域。过渡区若设计恰当,厚度变化均匀,其最大应变水平就可大大降低,从而显著提高工作压力下内衬的疲劳循环寿命,否则就会导致过渡区的应变过大,严重影响内衬的疲劳循环寿命。另外,过渡区内外表面的粗糙度必须足够低,使该区域产生初始裂纹的概率最小。

3. 焊接区

从薄膜区到焊接区,有焊缝内衬的厚度逐步增大,其主要目的是为焊接部位和热影响区提供更多的材料,以降低它们的应力和应变水平。由于在壁厚和外形等方面存在许用制造容差,所以组成内衬的各部分在焊接处不会完美无缺地连接在一起。另外,焊接过程及其产生的热也会导致内衬各部分发生某种程度的变形。因此,在金属内衬中存在某种程度的焊接不匹配。焊接不匹配增加了焊接区的弯曲应力,与之有关的应变导致该区域循环疲劳寿命降低。一般来说,一个设计恰当的焊接区允许存在一定的焊接不匹配,且其循环寿命大于过渡区。从这个意义上讲,焊接区不是决定压力容器循环寿命的临界区域(谢全利,2009)。

内衬芯模的基本要求如下:

(1)能够满足树脂系统固化方式成型方法等的要求。

(2)能承受由缠绕工艺而引起的工作荷载本身自重荷载和加工时机械荷载等。

(3)能够满足纤维缠绕制品的形状尺寸精度和表面光洁度的要求。

(4)能够满足在使用期内对芯模的刚度、强度和重量等要求。

(5)便于制作、吊装、运输和顺利脱出。

芯模强度的安全极限计算方法由式(6.14)~式(6.16)得出。

因缠绕张力 F 而产生对芯模圆筒段径向压力 σ_r。如果芯模结构是用隔板支撑,那么隔板强度计算见式(6.17)和式(6.18)。

芯轴最大剪应力为

$$\tau_0 = \frac{P_z(R_0 - r_0)r}{J_0} \tag{7.1}$$

式中,P_z 为切削或缠绕张力或惯性力,N;R_0 为芯模外径,cm;r_0 为芯模内径,cm;r 为芯轴半径,cm;J_0 为芯模惯性矩,cm^4。

7.1.1　内衬屈曲分析

压力容器的失稳是指压力容器承受外载荷或其他不稳定载荷超过其临界值时

突然失去其几何形状的现象，如图 7.1 所示。不同形式的容器以及不同形式的载荷所引起的失稳后的几何形状是不同的。失稳又称屈曲，它并不是结构的强度不足而造成的失效。研究压力容器稳定性的目的在于确定容器的临界载荷以及其相应的失稳模态，以改进加强措施，提高结构的抗失稳能力。

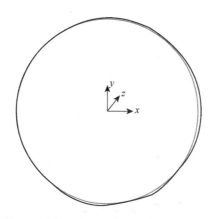

图 7.1　内衬屈曲后的变形与初始结构比较

　　复合材料压力容器内衬厚度较小，在一定压应力状态下会发生屈曲，因此确定临界失稳外压是复合材料压力容器结构设计中一项十分重要的任务。王荣国等（2010）采用简化模型，分析了超薄内衬复合材料压力容器在卸载过程中由内衬压应力导致的内衬屈曲现象，并验证其模型分析的可靠性。左惟炜等（2007）对三维编织复合材料圆柱壳进行屈曲分析，计算了高压储气瓶的临界失稳载荷。Cai 等（2011，2012）结合有限元法和水压屈曲实验进行研究，结果表明复合材料的纵向弹性模量和缠绕层厚度在很大程度上影响复合材料压力容器的失稳行为。Moon 等（2010）对中等壁厚的复合材料压力容器在外部静水压力下的屈曲和破坏特性进行了研究，并成功预测了屈曲外压。

　　复合材料压力容器的制备通常采用纤维缠绕法，缠绕张力影响复合材料层的纤维含量和压力容器的失效强度。研究表明，缠绕张力对复合材料压力容器的力学性能有很大影响，缠绕张力越大，越有利于提高复合材料压力容器的疲劳寿命，减小压力容器质量。然而，在制备过程中，若缠绕张力过大，会导致内衬发生屈曲失稳而破坏（王诺思，2013）。

　　在保守载荷系统作用下的弹性结构存在两种可能的屈曲形式，如图 7.2 所示，即分支点屈曲和极值点屈曲。分支点屈曲可以用传统的经典线性理论来研究，它除了在数学上进行线性化处理外，还假定结构是完善的，既没有初始几何缺陷，也不存在载荷的偏心，其求解失稳载荷问题是一个求解特征值的问题。在工程上许多结构都含有初始缺陷，或存在载荷的偏心，它在变形途中存在一个最大载荷，达到最大载荷后，变形会迅速增大而载荷下降，这样的屈曲属于极值点屈曲。对于这类屈曲问题，利用非线性分析是比较合理的。

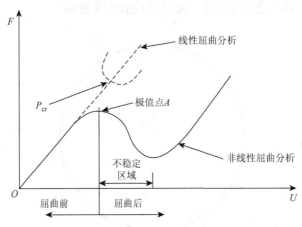

图 7.2　结构屈曲过程示意图

　　压力容器在加工、实验及加注时有受外压的情况；压力容器在缠绕加工时，内衬受纤维缠绕张力的外压作用，缠绕完成后在未充气状态时，由于纤维的缠绕张力作用，处于压应力状态。外压达到一定值时压力容器的结构可能发生屈曲失稳，所以对整个压力容器和内衬分别进行外压下的结构稳定性分析是十分必要的，分析结果可以为压力容器的设计、加工和使用过程提供参考数据。

　　这里分别对复合材料压力容器整体结构和内衬进行线性特征值屈曲与非线性屈曲分析。特征值分析的增量平衡方程为

$$([K_e] + \lambda [K_\sigma(\sigma_0)])\Delta u = 0 \qquad (7.2)$$

式中，$[K_e]$ 为弹性刚度矩阵；$[K_\sigma]$ 为应力状态 σ_0 下计算的初始应力矩阵；Δu 为位移增量。

　　式（7.2）的特征方程为

$$|[K_e] + \lambda [K_\sigma(\sigma_0)]| = 0 \qquad (7.3)$$

在 n 个自由度的有限元模型中，式（7.3）产生 λ 的 n 阶多项式。在实际计算中，根据需要只需计算前几阶特征值 λ，由计算得到的最小 λ 值给定弹性临界载荷。

　　工程结构一般都含有初始缺陷，或存在载荷的偏心，所以由非线性屈曲分析得出的开始屈曲时的极限载荷更接近实际情况。模拟实际情况时，非线性屈曲分析基于特征值屈曲分析得出的第一阶屈曲模态，在模型上施加了一个小缺陷。非线性分析中，载荷是以一个恒定的增量逐步施加的，直到解开始发散。非线性屈曲分析的控制方程为

$$[K_T(u)]\Delta u = \Delta P(u) \qquad (7.4)$$

式中，$[K_T(u)]$为某一增量步上的切线刚度矩阵；$\Delta P(u)$为结构的外载荷增量；Δu为位移增量。

施加载荷时，外载荷增量 $\Delta P(u)$ 必须足够小，以使载荷达到预期的临界屈曲载荷。若外载荷增量太大，则屈曲分析得到的屈曲载荷就有可能不精确，这在确定载荷步数时要注意。

对于复杂结构的屈曲分析，由于用解析的方法难以求解，所以数值分析的方法如有限元法成为广泛应用的方法。对于弹性屈曲问题，可以采用有限元法建立其相应的特征值问题并求解临界压力；而对于塑性屈曲问题，则无法由这种方法求解，通常通过给结构引入适当的扰动（如几何的、材料的初始缺陷或外载扰动），然后求解在加载过程中结构的位移响应历程，并通过载荷变形曲线识别其屈曲点。采用有限元法对弹塑性屈曲问题进行分析时，常采用载荷增量法。

1. 塑料内衬失稳分析

在大张力缠绕的作用下，塑料内衬会发生收缩，假设第一层缠绕过程中内衬的收缩对纤维的内应力不产生松弛效应。根据 $P = F \cdot \sin\theta/(w \cdot R)$，其中 F 表示缠绕张力，w 表示纤维带宽，为定值 2mm，R 表示缠绕层对应的内径，R 会随着缠绕层数的增加而增大，可以求得第一层纤维对内衬产生的等效背压为 0.13MPa，该背压为大张力缠绕Ⅳ型气瓶的最小充气内压。当进行第二层缠绕时，内衬在大张力缠绕纤维产生的背压下发生收缩而导致第一层纤维的内应力减小甚至松弛，同样第三层、第四层等缠绕的过程中都会有此现象（郭英涛和任文敏，2004）。

以内衬充气压力 0.15MPa 为例，如图 7.3 所示，在内压作用下内衬环向会产生环向正应变。

当缠绕第一层时，第一层产生的径向背压为 0.134MPa，此时认为内衬的收缩不会对第一层纤维的内应力产生影响，此时内衬的环向应变还是正应变，纤维环向应变也是正应变。

当缠绕第二层时，第二层产生的径向背压为 0.134MPa，假设外层对内层的放松作用在缠绕完成时产生而非缠绕过程中，那么在缠绕第二层时两层纤维产生的背压叠加即 0.268MPa，内衬产生的环向应变为负应变（负应变表示收缩，正应变表示扩张），纤维环向应变为正应变。

当缠绕第三层时，认为第二层对第一层的放松作用在第三层缠绕开始时就已发生作用，第三层纤维产生的径向背压为 0.043MPa。考虑到第二层纤维对第一层纤维的放松作用，当第二层纤维作用后，内衬的环向微应变变小，内衬的收缩值超过纤维的应变值，此时纤维被放松，其纤维方向的应力消失，认为第一层不再对内衬产生背压，此时内衬在前三层纤维的叠加作用下即等效背压 0.177MPa 产生的环向应变为负应变，第三层纤维环向应变变小。

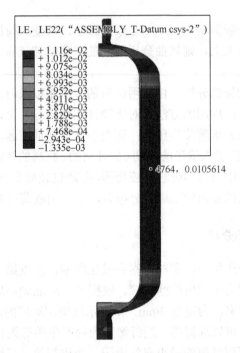

图 7.3　内压为 0.15MPa 的内衬环向应变云图

　　当缠绕第四层时，认为第三层对内层纤维产生了放松效应，由上一层的分析结果可知第一层纤维已被完全放松，第二层产生的应变为仅第二层和压力容器内压同时作用对内衬产生的正应变，故在第三层纤维缠绕完成时，第二层纤维也被完全放松。因此，在前四层缠绕层的共同作用下等效背压为 0.086MPa，内衬的环向应变为正应变，即在此时数值计算结果上可以看出内衬开始往外扩，但由于纤维的刚度远远大于内衬，所以此时内衬的环向应变不变，即处于归零状态，纤维方向的正应变减小。

　　第四层作用完成后，未对内层纤维产生放松作用，故前四层对内衬产生的径向背压不变，为 0.086MPa，当缠绕第五层时，前五层对内衬的等效背压为 0.129MPa，该背压比内压小，此时内衬环向应力还是不会发生改变，当缠绕第六层时前六层等效背压为 0.172MPa，此时外压比内压大，内衬开始向内收缩，内层纤维会出现不同比例的应力丢失，直到下一个负值的出现。总体的缠绕过程会按该规律进行下去，直至缠绕完成。随着缠绕层的不断增加，纤维对内衬提供的背压会在 0.15MPa 上下浮动。

在缠绕之前对内衬进行屈曲分析确定内衬的极限外载荷，设置初始外压为0.01MPa，取前四阶模态计算结果，如图 7.4 所示。

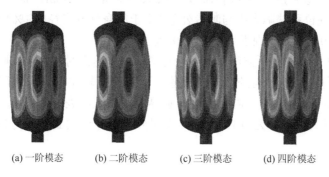

 (a) 一阶模态 (b) 二阶模态 (c) 三阶模态 (d) 四阶模态

图 7.4　内衬屈曲分析结果

由结果可知，一阶模态对应的特征值为 2.2312，其对应的极限外压为 0.0223MPa，即当外部载荷为 0.0223MPa 时，内衬会发生屈曲，此时需要单股纱最大张力为 7.4N，此为缠绕时最大张力；当使用 45N 缠绕时第一层缠绕的等效径向背压为 0.133MPa，超过极限外压，故采用内衬充气后进行缠绕，其充气最小内压为 0.11MPa。

2. 金属内衬失稳分析

本节计算的复合材料压力容器内衬的容积为 56L，全长为 462mm，它由封头、筒身以及与外部连接的接头组成。内衬封头段为椭球形，筒身段壁厚为 1.3mm，内径为 400mm，外径为 402.6mm。

1）材料属性

复合材料压力容器内衬的材料为各向同性的 6061-T6 铝合金，其主要性能参数见表 7.1。

表 7.1　6061-T6 铝合金内衬的主要性能参数

弹性模量 E/GPa	泊松比 μ	屈服强度 σ_s/MPa	抗拉强度 σ_b/MPa	断后延伸率 δ/%	密度 ρ/(g/cm³)
74.1	0.28	282	340	11.6	2.7

2）边界条件

复合材料压力容器的边界条件是由其实际约束条件和加载方式决定的。根据研究对象的实际工作环境，在模型的底端面实施固支约束，即压力容器底端固定，顶端面施加径向、切向位移约束，只允许有轴向位移。

利用特征值屈曲分析方法计算得出复合材料压力容器内衬的 1～10 阶屈曲模

态，初步预测内衬的临界失稳外压和屈曲发生位置。无缺陷模型不会发生屈曲，因此将前 10 阶模态的位移量作为几何缺陷引入模型，采用非线性稳定法精确计算出内衬临界失稳外压。内衬各阶模态最大位移量为 1mm，筒身外壁半径为 201.3mm。为使位移缺陷大小与制造公差（小于筒身外壁半径的 1%）在同一量级，因此选取前 10 阶模态叠加位移量的比例因子为 0.1。

　　通过特征值屈曲分析方法得到复合材料压力容器内衬的 1～10 阶屈曲模态，筒身段出现向内凹陷和向外凸起的现象，而封头段较完好，说明屈曲破坏发生在筒身段。前 10 阶模态下内衬模型的临界失稳外压如表 7.2 所示，第 1 阶模态下内衬的临界失稳外压为 0.191MPa，表明外压由零增大到此压力时内衬首次发生屈曲。

表 7.2　前 10 阶模态下内衬模型的临界失稳外压　　　（单位：MPa）

第 1、2 阶	第 3、4 阶	第 5、6 阶	第 7、8 阶	第 9、10 阶
0.191	0.195	0.222	0.236	0.261

　　特征值屈曲分析方法仅考虑压力容器内衬的弹性行为，因此采用此方法得到的模拟结果不够准确，只能对下一步分析提供参考。将前 10 阶模态的位移量叠加后乘以比例因子 0.1 作为几何缺陷引入模型，运用非线性稳定法精确计算内衬模型临界失稳外压。

　　在模型中选取径向位移最大的节点，得到该节点位移随外压的变化情况，如图 7.5 所示。由图 7.5 可知，外压由 0 逐渐增大时，节点位移呈线性增加；当外压增大到 0.199MPa 时，节点位移急剧增加，而外压几乎保持不变，此临界值 0.199MPa 即内衬临界失稳外压。

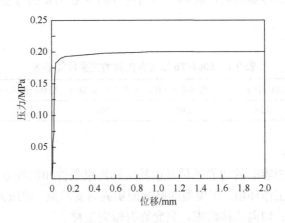

图 7.5　压力-位移曲线

7.1.2 内衬/芯模强度分析

1. 铝内衬的优势

纤维缠绕复合材料压力容器用的铝内衬代表着一种稳定的技术，这一技术被证明已有 30 多年的历史，而且现有 300 多万个压力容器正在安全使用。其优势有以下几点：①标准的复合材料压力容器用铝内衬的结构无缝隙，因而能防止渗透；②因气体不能透过铝内衬，故带有这种内衬的复合材料压力容器长时间储存气体不会泄压；③在铝内衬外采用复合材料缠绕层后施加的纤维张力使铝内衬有很高的压缩应力，这一工艺显著延长了压力容器的气压循环寿命，消除了内衬与复合材料之间所需的任何黏结；④由于带有铝内衬的纤维缠绕压力容器在其内衬处于很高的压应力下，使得在压力循环条件下可能出现的破裂趋于闭合，内衬趋向自密封；⑤铝内衬很坚固，因此在快速释放压力后不会向内塌陷或发生失效裂纹；⑥由于高压气体快速放出时温度下降高达 35℃以上，而铝内衬在很大的温度范围内都是稳定的，故铝内衬对此不受影响；⑦对复合材料压力容器来讲，铝内衬复合材料压力容器的损伤容限比同样的塑料内衬的损伤容限高很多；⑧铝内衬复合材料压力容器的质量比塑料内衬复合材料压力容器轻，这是因为塑料内衬压力容器缠绕厚度较厚，同时需要外部保护材料防止碰撞（上海耀华玻璃厂研究所，1977）。

2. 铝内衬的不利因素

铝内衬的不利因素有：①复合材料用铝内衬通常很贵，铝内衬的价格取决于它的规格；②新规格内衬研制周期长；③从市场开发角度讲，铝内衬是具有近 30 年历史的老技术，不像塑料内衬那样能激起市场开发的兴趣。

3. 塑料内衬的优势

塑料内衬的优势有：①节省成本，塑料内衬本身比金属内衬便宜，但是金属接头使成本提高；②高压循环寿命长，用塑料内衬的复合材料压力容器能从 0 到使用压力工作 10 余万次；③防腐蚀，塑料内衬不受各种腐蚀材料的影响；④市场倾向好，塑料内衬代表着一种新技术，能促进市场开发，吸引人们购买。

4. 塑料内衬的不利因素

1）通过接头可能浸漏

塑料内衬与金属接头之间的密封很难保证，高压气体容易浸入塑料内衬与金属接头的连接处，当压力容器进行充放气时，金属接头与塑料内衬之间容易产生应力集中，缩短压力容器的疲劳寿命。在不变的载荷下，最后塑料也趋于蠕变或凹陷。这些问题可以解决，但需要做大量的有创造性的研究与测试工作。

2）碰撞强度低

塑料内衬对纤维缠绕层没有结构增强或提高刚度的作用。因此，塑料内衬的复合材料压力容器的外面加强层厚度需增加，为防止碰撞和损伤，有人在气瓶封头处加上泡沫减振材料，然后在外面做复合材料加强保护层。然而，①在重量上它没有同样容积的铝内衬复合材料压力容器轻；②气体可能透过塑料内衬，因此必须用适当的材料和厚度，在允许低渗透率下存储气体，压力容器存储的甲烷不能含有氢分子；③内衬与复合材料黏结脱落，随着时间推移，内衬与复合材料加强层之间分离，这可能是由从工作压力快速泄压或老化收缩引起的；④塑料内衬对温度敏感，压力容器从高压快速泄压到 0 时，内表面温度下降多达 35℃，低温可能引起塑料内衬脆裂和破裂；⑤在应用于新能源汽车中的车载储氢压力容器中，复合材料压力容器的塑料内衬比金属内衬要轻得多。

在使用纤维缠绕金属内衬压力容器时，可显著减小结构质量，提高性能水平，更好满足可靠性和安全性等要求。低成本高性能碳纤维缠绕无焊缝铝内衬压力容器的优点更加突出，其性能明显高于同类金属容器。

由当前空间系统纤维缠绕金属内衬压力容器结构设计和分析技术的发展状况可以发现，如安装空间无特殊限制，空间系统压力容器以结构效率较高的长圆柱形容器为佳。高性能纤维树脂缠绕层的强度和刚度较高，已逐渐发展成为空间系统压力容器的主导材料，其内衬可以很薄，从而最大限度地减轻质量；无焊缝塑性工作铝内衬不仅质量轻、费用低、可靠性高，而且能扩展其在循环压力时的弹性变形范围，有利于充分发挥复合材料的性能和延长循环寿命，因此将成为未来空间系统一种主要的压力容器内衬；Rayleigh-Ritz 分析和 FEA 等基于 Ritz 数值分析技术的方法，以及基于它们的设计优化，将使纤维缠绕压力容器更可靠、使用寿命更长、安全性更好（李军英和王秉权，1999）。

随着新的高性能纤维和金属内衬材料不断出现，以及纤维缠绕金属内衬压力容器设计、分析技术和制造工艺的不断进步，更高性能的压力容器将在空间系统中得到应用。

芯模是完成缠绕工艺所使用的成型模具。芯模的特点：石膏易成型，干燥后强度和刚度都较高，且易被敲碎，便于脱模，但石膏芯模易变形，高温固化时水分蒸发会使制品内层脱落。木芯模易于加工，但刚性较差，尺寸不稳定，不宜高温固化；砂芯模坚硬、刚度好、尺寸稳定，但精度需由模具保证；钢材强度高，刚度好，易加工，可重复使用。

7.2　复合材料缠绕层的强度校核

纤维缠绕结构的损伤形式多种多样，常见的有纤维断裂、基体开裂、纤维基体界面脱胶和层间分层等，一般这些破坏形式相互交叉，且严重影响纤维缠绕结构的性能。复合材料层合板是由多层单层板黏结而成的。最初预测层合板强度的方法是通过计算各铺层的即时应力场，根据单层的载荷响应来预测整个层合板的强度。一种方法认为层合板的任何一个单层发生失效，则整个层合板发生失效，称为首层失效（first ply failure）法。另一种方法认为，复合材料层合板某一层失效并不代表整个层板失效。部分层发生失效后，层合板仍能继续承受载荷，直到各个铺层全部失效，才认为整个层合板失效，这个方法称为末层失效（last ply failure）法，对应的载荷称为极限载荷。末层失效法虽然比较简单，但是没有考虑局部材料的响应，往往低估了层合板的强度。因为局部发生失效后，该区域的应力降低，层合板中的应力重新分布（张林，2009）。

7.2.1　首层失效法

随着复合材料及其层合板结构在航空、航天、汽车及造船领域的广泛应用，人们对层合板结构的研究越来越重视。层合板结构同时承受面内载荷和面外载荷，每个单层板考虑基体失效和纤维断裂两种失效模式。当某一单层失效后采用比率退化法计算结构新的刚度，然后重新进行结构分析，直到求得结构的最终失效强度。在很多情况下，当结构的某一单层破坏后整个层合板结构还能够继续承受载荷，因此分析结构的最终失效强度对于提高结构的使用效率非常必要。在一定的纤维方向角和层合板厚度下，结构的最终失效强度可能达到最大，这就是结构的优化设计问题（李成刚，2012）。

考虑单层板的两种失效模式：基体失效和纤维断裂。基体失效的极限状态方程为 Tsai-Wu 理论：

$$F_i e_i + F_{ij} e_i e_j = 1, \quad i,j = 1,2,\cdots,6 \tag{7.5}$$

纤维断裂的极限状态方程为 Tan 准则：

$$F_1 e_1 + F_{11} e_1^2 = 1 \tag{7.6}$$

式中，F_i、F_{ij} 为材料刚度系数。

当某一单层发生破坏后，在宏观上可认为此单层的材料常数发生了退化。不同的破坏方式，对应不同的退化原则。本书采用一种刚度的比率退化法计算层合板结构中某一单层发生某种失效后该单层新的刚度。

对于 CFRP（碳纤维增强复合材料）结构，若为基体破坏，则变化的常数有：$E'_2 = 0.2E_2$，　$E'_3 = 0.2E_3$，泊松比 $\mu' = 0.2$（包含 μ_{12}、μ_{13}、μ_{23}），剪切模量 $G' = 0.22G$（包含 G_{12}、G_{13}、G_{23}），单层板主方向压缩强度 $X'_c = 0.85X_c$，相关系数 $F'_{12} = 0.15F_{12}$。若为纤维破坏，则变化的常数有：弹性模量 $E' = 0.01E$（包含 E_1、E_2、E_3），泊松比 $\mu' = 0.01$（包含 μ_{12}、 μ_{13}、 μ_{23}），剪切模量 $G' = 0.01G$（包含 G_{12}、G_{13}、G_{23}），单层板主方向压缩强度 $X'_c = 0.66X_c$，相关系数 $F'_{12} = 0.01F_{12}$。

（1）建立复合材料层合板结构模型，对模型施加一个初始载荷 e_0，分析结构中每个单层板的节点应力。

（2）把节点应力分别代入 Tsai-Wu 理论方程式（7.5）和 Tan 准则方程式（7.6），计算每个单层板的强度比系数 R_M（基体破坏）和 R_F（纤维断裂），构成强度比系数数组 $R = \{R_1, R_2, \cdots\}$。取数组 R 中的最小值 $R_{\min}$ 所在的单层板为破坏层，如果最小值是 R_M 则为基体失效，若最小值是 R_F 则为纤维断裂，此时的破坏载荷 $e_i = e_0 R_{\min}$。若是第一次破坏，则首层失效强度 $e_{FPF} = e_i$。

7.2.2　末层失效法

按照破坏形式，根据刚度的比率退化法求得某个单层板破坏后结构的新刚度。

重复 7.2.1 节中首层失效法的第一步，直到某一轮的破坏载荷 e_i 小于前一阶段的破坏载荷 e_{i-1}，循环结束。取前一阶段的破坏载荷 e_{i-1} 为结构的最终失效强度 e_{LPF}。

7.2.3　逐层失效法

纤维增强复合材料层合板的失效过程是复杂的、逐渐失效的。在加载初期，甚至制造过程中就存在某种形式的损伤，随着载荷的增加，损伤不断积累，直至整个层板失效。逐层失效法通过材料性能退化模型考虑了局部损伤，是目前模拟复合材料失效过程及极限强度预测最有效的方法。该方法能更好地模拟复合材料层合板的破坏机理、损伤的相互作用及扩展过程和最终失效载荷。

渐进失效分析（progressive failure analysis）方法一般包括三部分，具体为应力的计算、失效分析的判断、材料性能的衰减退化。采用此方法模拟复合材料结构失效的过程其实是一个反复迭代计算的过程。在计算分析的初始阶段，首先根据模型的参数选定一个初始较小的载荷，然后在给定的初始载荷作用下计算层合板的应力、应变分布，最后根据层合板的应力、应变分布来判定属于哪种失效准则，并判断是否有部分区域发生失效（高峰等，2009；王晓宏等，2009）。如果没有发生失效，那么增加一个给定的载荷增量，继续进行求解；如果发生失效，则根据材料性能退化模式进行失效区域的材料性能退化，然后在相同的载荷下重新达到新的平衡。以上计算迭代过程不断地重复继续，最终结构完全失效，详见本书第 5 章。

7.3　封头补强技术

　　发动机复合材料壳体的设计通常以网格理论为依据，根据网格理论，等张力结构设计的复合材料压力容器水压爆破时，理论上各部位应同时发生破坏。但在实验过程中发现，复合材料压力容器封头特别是接近金属件边缘附近容易产生应力集中的区域，易发生金属接头与缠绕层之间脱开，或由于封头变形过大而发生剪切破坏，从而导致纤维缠绕壳体发生低压强爆破。由于玻璃纤维的刚性相对较低，这种现象在早期玻璃纤维缠绕壳体上不明显。碳纤维和有机纤维，特别是碳纤维具有较高的刚度，同时碳纤维的断裂延伸率低，是比较典型的脆性材料。因此，碳纤维缠绕复合材料壳体对金属接头边缘的应力集中更敏感，壳体封头破坏现象尤其明显。这一现象严重影响高强度碳纤维在发动机壳体上的应用以及发动机壳体性能的进一步提高。

　　由于设计等原因，复合材料壳体一般设计成非等应力结构。某发动机壳体如图 7.6 所示，在水压爆破中壳体破坏部位发生于封头处居多（主要为图中应力集中区域处产生纤维断裂），经过对壳体分析，产生非等应力爆破的主要原因有以下几点。

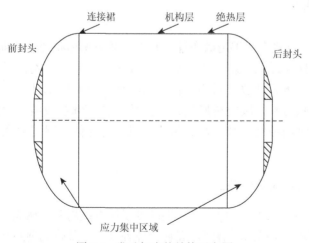

图 7.6　发动机壳体结构示意图

1. 结构因素

（1）壳体赤道处连续性遭到破坏，有较高应力；

（2）金属连接件和非金属件刚度不同，封头和金属连接件尖点靠近筒身段部分，在载荷作用下会产生局部应力集中；

（3）金属裙和非金属件刚度不同，赤道处产生局部应力集中。

2. 工艺因素

（1）纤维缠绕轨迹偏离理论位置；

（2）缠绕张力不稳定；

（3）壳体没有形成等张力结构；

（4）封头曲面不准确。

3. 材料因素

（1）环氧树脂表现一定的脆性；

（2）碳纤维的拉伸强度和弹性模量都较高，但断裂应变和韧性较低，在内压作用下，局部应力较大处纤维先破坏。

解决上述问题的方法有用布带铺放补强、无纬布铺放补强、纤维缠绕补强、封头帽补强、其他小范围局部补强等。通过实验验证可知，封头补强是提高壳体性能的一种有效方法，主要研究壳体什么时候需要补强以及在哪些位置补强才能达到最好效果。

7.3.1 补强方式

常用的补强方式有：①用碳布铺放补强；②用无纬布铺放补强；③纵向缠绕完后，剪掉筒身段纤维，剩下两封头的纤维作为补强层；④在模具上按预定形状压制补强物，然后贴敷在封头部位；⑤其他小范围局部补强。某缠绕壳体采用碳纤维为增强材料，胺类树脂配方为基体材料，缠绕成型。根据网格理论计算出该壳体的纵向缠绕层数和环向缠绕层数，将壳体补强层放在缠绕前或纵向缠绕层之间。

1. 玻璃纤维纵向缠绕补强

在碳纤维缠绕之前，采用高强玻璃纤维浸渍缠绕用基体树脂，按照后开孔直径尺寸，进行等开孔纵向层缠绕。壳体整体补强主要部位为前封头肩部、后封头整个型面及筒段。

2. 裁剪条形碳布补强

将碳布裁剪成条状，浸透补强用树脂后环向铺放到壳体前、后封头部位，由于用于后封头的条状布较宽，与封头型面不吻合，需要在布的环向上剪多处切口，使碳布完全贴附在封头型面上。根据补强工艺性及相应尺寸，确定补强部位及补强布规格。

壳体缠绕前，在后封头拐点绝热层外侧铺放两层补强布，前封头拐点绝热层外侧铺放一层补强布；然后每缠绕一个纵向层后，在前、后封头拐点铺放一层补强布，补强布从拐点向封头铺放。后封头部位的补强布对后封头拐点、后接头金属外沿进行补强，没有铺放到后接头根部，前封头只对拐点部位进行了补强。

3. 裁剪环形碳布补强

将后封头补强用碳布裁剪成环形，前封头补强用碳布裁剪成条形，浸透补强用树脂后铺放到壳体前、后封头部位，只需对铺放到后封头拐点部位的布边缘剪少量切口就能够贴敷在封头型面上。根据补强工艺性及相应尺寸，确定环形碳布补强方法、补强部位及补强布规格。壳体缠绕前，在后封头拐点绝热层外侧铺放两层补强布，前封头拐点绝热层外侧铺放一层补强布；然后每缠绕一个纵向层后，在前、后封头拐点铺放一层补强布。后封头部位的补强布铺放时，从后接头根部向封头拐点铺放，在拐点处对补强布裁剪几处切口即可将布铺放平展。另外，按外径从大到小次序铺放，使拐点部位补强布的边缘相互错开，避免应力集中；布的经纬向周向相互错开一定的角度，使铺放到壳体上的补强布在壳体受到内压作用时，避免单一方向受力。前封头只对拐点部位进行了补强。

4. 等强度补强

强度增强技术是一种先进的补强技术，它可以定量化确定补强区域的范围、补强厚度等补强参数，从而可实现补强方案从定性向定量的实质性转变，对提高碳纤维复合材料壳体的研究应用水平具有重要意义。

目前，采用传统网格理论设计制造的复合材料壳体在筒身段其纵向缠绕层和环向缠绕层具有不同的承压能力，即整个壳体是不等强度的，整个壳体特别是筒身段存在过多的冗余质量，导致壳体效率较低。等强度增强壳体要求在内压载荷作用下复合材料壳体筒身中部的纵向缠绕层应变和环向缠绕层应变相当，这样在水压载荷作用下可以实现纵向缠绕层和环向缠绕层同时破坏。等强度增强壳体除封头外在筒身的各个位置具有相同的承压能力，在筒身段不存在冗余质量，可以大大提高壳体的效率。

7.3.2　封头精细化补强设计与仿真

近年来，针对复合材料壳体封头补强技术的研究报道逐年增多。大量的分析和实验结果表明，通过对壳体封头进行适当补强可以解决碳纤维复合材料壳体低应力爆破问题，从而有效提高碳纤维壳体的内压承载性能。

基于网格理论完成了 ϕ150 纤维缠绕壳体的结构设计，通过精细化仿真分析方法对复合材料壳体接头附近的封头不同补强方法的补强机理进行分析与讨论，并通过工艺及实验研究系统地比较环向补强技术与纵向补强技术的综合补强效果。

ϕ150 的 T700 碳纤维缠绕壳体主要设计指标：爆破压力 P_b≥30MPa，前极孔直径为 50mm，后极孔直径为 30mm。壳体采用湿法缠绕成型工艺，纤维为日本东丽 T700SC-12K-50C，树脂基体为 BA202 环氧配方，采用螺旋缠绕＋环向缠绕方式成型。T700 碳纤维复丝强度不小于 4900MPa，纤维强度转化率 K 取 80%，纤维体积含量为 67.2%。壳体筒身螺旋缠绕角均为 28.9°，前后封头椭球型面为 2∶1。

本书设计的壳体分别采用了环向补强片补强、纵向补强片补强两种补强方式，壳体的具体设计结果、补强结构和数量分配见表 7.3。

表 7.3　补强参数表

参数	环向补强	纵向补强
纵向单层复合材料厚度/mm	0.15	0.15
环向单层复合材料厚度/mm	0.15	0.15
爆破压力/MPa	32	35.2
壳体容积/L	4.2	4.2
复材质量/kg	0.34	0.34
破坏位置	封头	筒身
容器特性系数（K_m）	39.5	43.5
增比/%	4.8	15.4

由表 7.3 可以看出，两种封头补强技术的壳体的环向层/纵向层质量、补强结构质量相同，壳体的总质量基本相同。复合材料壳体有限元模型包括金属接头、封头补强层、弹性层、缠绕壳体层，建模过程需考虑每个纵向/环向缠绕层的推移、缠绕角度变化等缠绕工艺参数的变化，各个接触面全部采用黏结处理，前后接头极孔与缠绕层接触位置采用有摩擦接触，壳体模型如图 7.7 所示。

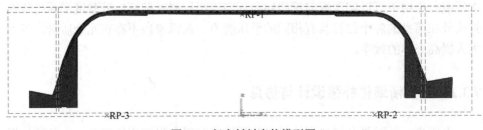

图 7.7　复合材料壳体模型图

实验壳体的环向补强设计参数见表 7.4。

表 7.4　环向补强参数表

环向补强位置	补强步骤	补强区域	补强片层数	补强片宽度/mm
前封头	第一次补强	R53-R75.8	1	33.7
前封头	第二次补强	R73-R75.3	2	13.8
后封头	第一次补强	R52-R57	1	5.7
后封头	第二次补强	R66-R75.4	2	16

实验壳体的纵向补强设计参数见表 7.5。

表 7.5　纵向补强参数表

纵向补强位置	补强步骤	补强区域	补强片层数	补强片宽度/mm
前封头	第一次补强	R53-R75.8	1	33.7
前封头	第二次补强	R73-R75.3	2	13.8
后封头	第一次补强	R52-R57	1	5.7
后封头	第二次补强	R66-R75.4	2	16

建立模型：利用 ABAQUS 软件实现复合材料壳体筒身、封头、补强层等每个铺层结构不同位置每个单元的材料参数和材料方向的设置，从而建立精细化的复合材料壳体仿真分析模型，每个单元的材料方向基于纤维缠绕理论，并根据其所在的空间几何坐标位置赋予属性。图 7.8 为复合材料壳体及施加的边界条件。

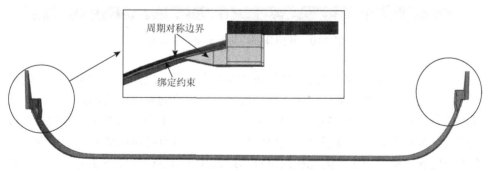

图 7.8　复合材料壳体结构及边界条件

图 7.9 和图 7.10 为在 32MPa 内压作用下，环向补强片补强的复合材料壳体缠绕层纤维方向应变云图。由图可以看出，采用环向补强结构的封头纤维应变整体水平较高，壳体在封头靠近赤道圆的位置应变最高；而采用纵向补强结构的封头纤维

应变整体水平偏低，应变最大值在筒身段的环向层，且爆破压力达到了 35.2MPa。由此可得出，纵向补强不仅能够解决封头处应力应变高的问题，还能够有效地提升壳体整体爆破压力。

图 7.9　环向补强螺旋层首层应变分布

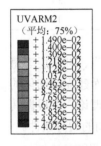

图 7.10　环向补强环向层首层应变分布

采用不同的封头补强结构，对封头纤维方向应变、层间剪切应变的改善效果不同，并且封头的变形特点完全不同。其中，采用纵向补强结构的封头极孔附近纤维应变、补强结构边缘的层间剪切应力均明显低于采用环向补强结构的封头极孔附近纤维应变和在补强层边缘的层间剪切应力，并且纤维应变和剪切应变在整个模型的变化梯度最小，因此相同材料和结构尺寸的纵向补强方法对封头的补强效果优于相同材料和结构尺寸的环向补强方法。

第8章　典型纤维缠绕压力容器的设计与分析

8.1　车载高压储氢气瓶

目前最接近产业化的车用储氢方式为高压储氢。储氢气瓶是氢燃料电池汽车供氢系统的一个关键部件，纤维缠绕高压储氢气瓶具有较强的比强度和比刚度，以及承压能力高、质量轻、耐腐蚀性强等优良性能，因此成为国内外研究的热点。美国、加拿大等国均已研制成功 70MPa 车载纤维缠绕高压氢气瓶，并且处于国际领先地位。

车用纤维缠绕高压氢气瓶的介质为易燃易爆的氢气，并且压力一般需达到 35～70MPa，是典型的特种设备，其设计、制造和使用必须符合相应的安全技术规范和标准的要求。

车用气瓶共分四个类型（陈旦，2019）。

（1）Ⅰ型气瓶：全金属气瓶。目前国内金属压力容器的材料主要为碳素钢和合金钢，Ⅰ型气瓶主要应用于化工原料的存储与运输。

（2）Ⅱ型气瓶：金属内衬纤维环向缠绕气瓶。Ⅱ型气瓶的内衬一般采用高强度金属材料，常见的环向缠绕层材料为玻璃纤维、芳纶纤维、碳纤维等，但其封头上没有纤维缠绕层。

（3）Ⅲ型气瓶：金属内衬纤维全缠绕气瓶。20 世纪 80 年代后期，无缝铝内衬旋压工艺和高强度碳纤维技术越来越成熟，超薄铝合金内衬碳纤维全缠绕压力容器以其轻质高强、抗疲劳性好、承载性能好、可设计性好等优点逐渐应用于航空航天、呼吸气瓶、交通运输等领域。

（4）Ⅳ型气瓶：非金属内衬纤维全缠绕气瓶。区别于Ⅲ型气瓶的是Ⅳ型气瓶使用非金属的内衬使其结构重量进一步减轻、储存效率升高，并且非金属内衬使其具有更好的耐腐蚀性、抗疲劳性。Ⅰ型气瓶和Ⅱ型气瓶的密度比较大，难以满足单位质量储氢密度的要求，用于车载供氢系统并不理想。

8.1.1　金属内衬储氢气瓶

1. 金属内衬

金属内衬并不承担容器压力载荷作用，只是提供一个具有良好阻隔性的密闭容器。因此，内衬材料需要对氢气具有强阻隔性，防止氢的渗漏，并能将其承受的载荷传递到外层纤维缠绕层。内衬设计技术在传统的铝合金内衬全缠绕气瓶强度设计中，一般不考虑内衬承载，理论上气瓶的内压完全由增强纤维承担。但实际上，气瓶内衬在工作压力下始终处于拉应力状态，这是制约气瓶疲劳寿命的关键因素。为同时满足储氢气瓶质量轻、耐疲劳性好的要求，选择合适的内衬形状与尺寸意义重大。理论和实践都证明，对于纤维缠绕铝内衬气瓶，性能最高的为长径比大于 2 的长圆柱体。适当增加内衬壁厚，可使疲劳裂纹扩展距离更长，并能够进一步延长气瓶的使用寿命。合理分配气瓶各层所占比重，可使内衬能够满足密闭条件提供足够体积，尽可能保证气瓶"质量轻"这一特点，一般内衬所分配的比重为 12%～16%。

内衬封头的设计不仅要具备工艺的可设计性，还要满足瓶体自身结构要求。常见的封头形式有等应力封头、平面缠绕封头、椭球形封头等（刘江涌，2012）。铝内衬的无焊缝连接封头能够提高气瓶的耐疲劳性能并能很大程度地降低成本。采用碳纤维缠绕成型技术制备的气瓶，内衬封头形式多选择椭球形封头或等应力封头，内衬为椭球形时，在缠绕成型中可根据需求设定纤维对封头的包覆。

金属内衬一般采用铝合金材料（方东红等，2005），具有以下优点。

（1）复合材料气瓶多采用无缝铝内衬，能有效防止渗透。因为气体不能透过铝内衬，所以带有这种内衬的复合材料气瓶长时间储存气体也不会泄压。

（2）在铝合金内衬外采用复合材料缠绕层后，施加的纤维张力使铝内衬有很高的压缩应力，这一工艺大大延长了气瓶的压力循环寿命，极大地降低了内衬和复合材料层之间分离的可能性。

（3）铝内衬的纤维缠绕压力容器，其内衬处于很高的压应力下，因此使得压力循环时可能出现的破裂趋于闭合，内衬趋向自密封。

（4）铝内衬很坚固，快速释放压力后不会向内塌陷或发生失效裂纹。

（5）铝内衬在很大的温度范围内都是稳定的。高压气体快速放出时温度下降高达 35℃以上，铝内衬对此不受影响。

（6）对复合材料气瓶来讲，采用铝内衬稳定性好，抗碰撞。铝内衬复合材料气瓶的损伤容限比同样的塑料内衬复合材料气瓶的损伤容限高很多。

2. 设计条件

1）技术指标

复合材料气瓶的工作载荷为 35MPa，爆破压力为 70MPa。

2）金属内衬几何尺寸

复合材料气瓶筒身段外径为 373mm，两极孔尺寸相等，半径均为 37mm，筒身段长度为 1120mm，总长度为 1460mm，如图 8.1 所示。

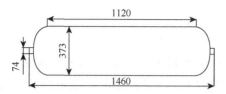

图 8.1 复合材料气瓶尺寸示意图（单位：mm）

3）原材料

（1）内衬：内衬选用 6061-T6 型铝合金，屈服强度为 281MPa，强度极限为 368MPa。

（2）复合材料：碳纤维采用东丽 T800-12K 碳纤维，树脂采用 E51 环氧树脂。材料参数如表 8.1 所示。

表 8.1 复合材料铺层强度参数及基本力学性能参数

参数	数值
纵向拉伸模量 E_1/GPa	185
横向拉伸模量 $E_2 = E_3$/GPa	15.7
面内泊松比 $\mu_{12} = \mu_{13}$	0.33
面外泊松比 μ_{23}	0.43
面内剪切模量 $G_{12} = G_{13}$/GPa	5.89
层间剪切模量 G_{23}/GPa	7.649
纵向拉伸强度 X_t/MPa	2950
纵向压缩强度 X_c/MPa	1450
横向拉伸强度 Y_t/MPa	66.7
横向压缩强度 Y_c/MPa	212
面内剪切强度 S/MPa	105
密度 ρ/(g/cm^3)	1.81

4）工艺参数

（1）气瓶缠绕采用的纱片宽度为 3mm，对应的螺旋缠绕纤维厚度为 0.235mm，环向缠绕纤维厚度为 0.201mm；

（2）该气瓶上下封头为对称结构，为保证纤维在封头曲面上不滑纱，采用测地线缠绕；

（3）缠绕时，正负缠绕的层数应该一致；

（4）缠绕过程中，环向缠绕应与螺旋缠绕交替进行；

（5）同一产品，宜采用多缠绕角进行缠绕，以免形成不稳定的纤维结构，在复杂的应力作用下树脂受过大的应力。

3. 设计步骤

为了使气瓶封头的纤维厚度分布更加均匀,在气瓶的铺层设计过程中首先采用扩孔的方法,以实际缠绕时的一个纤维带宽为间隔计算出扩孔角度。利用层合板理论计算得出在给定的载荷下各个扩孔角度所对应的应力和应变,最后基于封头纤维均匀分布原则,通过封头厚度预测公式预测得到封头纤维厚度,优化铺层顺序。

1）扩孔角度确定

气瓶在缠绕过程中纤维会在气瓶封头极孔处发生堆积,因此会导致此处纤维厚度出现峰值。为了使封头上的纤维厚度均匀变化,采用扩孔的方法达到纤维均匀分布的目的。扩孔缠绕是一种变极孔的缠绕技术,即在缠绕过程中,通过不断改变缠绕极孔的位置,减少瓶肩堆积,改善厚度不均匀的状况。扩孔角度按照每间隔一个带宽进行一次扩孔,这样可以使扩孔的位置过渡更加平滑。本方案按照四股纱的缠绕方案进行计算,两次缠绕纤维在封头轮廓上的间隔为 12mm,在封头上计算自极孔处开始每隔 12mm 所对应的极孔半径及其对应的缠绕角即扩孔角度。计算出扩孔角度如表 8.2 所示。

表 8.2　扩孔角度分布表

序号	扩孔角度/(°)	扩孔角度取整/(°)	极孔半径/mm
1	13.1	13	41.39
2	16.69	17	53.8
3	20.6	21	65.94
4	24.55	25	77.76
5	28.57	29	89.2
6	32.6	33	100.21
7	36.8	37	110.73

2）缠绕层数确定

气瓶铺层结构的设计方法包括网格理论和层合板理论等。在学术和工程上,目前国内外学者多采用网格理论对复合材料气瓶结构进行设计,实践表明,网格理论对纤维缠绕壳体强度的预测是比较可靠的,是完全可以满足工程上复合材料气瓶设计要求的。

由式（6.43）～式（6.49）计算可得环向缠绕层纤维厚度 $t_{\theta k}$ 和纵向缠绕层纤维厚度 t_{ak},则环向缠绕层层数和纵向缠绕层层数为

$$n_\theta = t_{\theta k} / h_\theta \qquad (8.1)$$

$$n_\alpha = t_{\alpha k} / h_\alpha \tag{8.2}$$

式中，n_θ 为环向缠绕层层数；n_α 为纵向缠绕层层数；h_θ 为环向纤维单层厚度；h_α 为纵向纤维单层厚度。

根据厚度预测公式及层合板理论对扩孔角度及对应层数进行优化，结果如表 8.3 所示。

表 8.3　扩孔角度及层数

扩孔角度/(°)	13	17	25	29	33	37	90
层数	10	6	4	4	4	4	36

3）封头厚度确定

车载复合材料储氢气瓶缠绕层厚度对于容器的结构设计以及爆破压力的预测是至关重要的，缠绕层在筒身段的厚度是保持不变的，在封头处由于直径和扩孔角度的不断改变，其厚度变化很难精准预测，但是封头段缠绕层厚度的建模精度是气瓶有限元建模的关键点。车载复合材料储氢气瓶封头厚度的预测方法有很多，包括单公式法、双公式法、Knoell 等式法以及三次样条函数法等，考虑各种方法的优缺点，通常采用三次样条函数法能取得较好的预测效果。

根据式（6.28）～式（6.32），可在 MATLAB 中编写程序，即可快速计算得到封头处沿轴向的厚度变化。图 8.2 为扩孔后的封头纤维厚度沿轴向的变化规律。

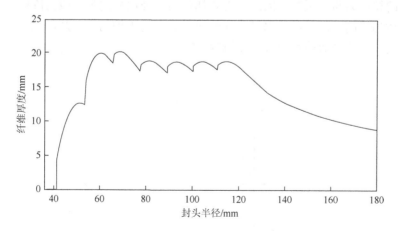

图 8.2　扩孔后封头纤维厚度预测

4）有限元分析

纤维方向应力分布图如图 8.3 所示。

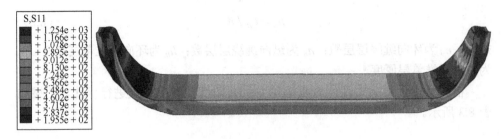

图8.3　纤维方向应力分布图

5）自紧压力选择

为提高气瓶的承载能力，充分发挥纤维的高强度特性，自紧技术已经广泛应用于复合材料压力容器的设计和制造中。在自紧压力作用下，压力容器在靠近内壁部分厚度达到屈服而产生塑性变形。卸掉自紧后，容器内部产生残余应力，使内衬处于压缩状态，纤维层处于拉伸状态，从而提高压力容器的抗载能力和抗疲劳性能。

（1）自紧工艺原理。

复合材料压力容器在自紧压力下，内衬最大等效应力将超过内衬材料的屈服强度，内衬内壁的部分壁厚处于塑性状态。自紧压力卸载后，内衬产生 Bauschinger（包氏）塑性效应，如图8.4所示。在这种状态下，内衬因塑性变形不能恢复到原来状态，受到复合材料层的紧缩压力，出现残余压应力，而复合材料层由于强度高而处于弹性阶段，具有拉应力。当气瓶正常工作时，复合材料气瓶在内压作用下产生的拉应力与自紧产生的压应力叠加作用，使内壁的最大应力降低，而外壁的应力适当提高，内衬沿着壁厚方向的应力分布趋于均匀化，从而达到提高承载能力和延长疲劳寿命的目的（李建梅等，2013）。

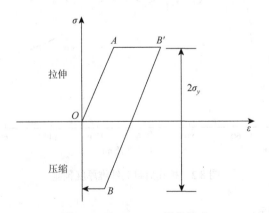

图8.4　Bauschinger 塑性效应

（2）理论计算。

复合材料压力容器在内压作用下的应力分析可作为平面应力问题进行处理，假设容器加压过程中内衬与复合材料层之间紧密结合，无相对位移，即两者在纵向与径向的应变相等：

$$\begin{cases} \varepsilon_{z1} = \varepsilon_{z2} \\ R_1\varepsilon_{\theta1} = R_2\varepsilon_{\theta2} \end{cases} \tag{8.3}$$

式中，R_1、R_2 分别为内衬和复合材料层的半径；ε_{z1}、ε_{z2} 分别为内衬的纵向应变和环向应变；$\varepsilon_{\theta1}$、$\varepsilon_{\theta2}$ 分别为纤维层的纵向应变和环向应变。

在塑性阶段，内衬的应力-应变曲线近似于直线，可采用理想的弹塑性模型分析其应力。当内压从 P_0（内衬进入塑性阶段的初始内压）增加到自紧压力 P_z 时，内衬进入弹塑性阶段，增加的应力全部由纤维层承担，此时有

$$\Delta\varepsilon_{\theta2} = \frac{\Delta\sigma_{\theta2}}{E_\theta} = \frac{R_1\Delta p}{E_\theta h_2}, \quad R_1 \approx R_2 \tag{8.4}$$

式中，$\Delta p = P_z - P_0$，内衬的塑性应变为

$$\varepsilon_{\theta1}(P_z) = \varepsilon_{\theta1}^{0.2} + \Delta\varepsilon_{\theta2} \tag{8.5}$$

内衬压力从自紧压力 P_z 降到 0 时，内衬的应变不会恢复，纤维层会对内衬施加一定压力。由变形条件得

$$\varepsilon_{\theta1}^0 + \varepsilon_{\theta2}^0 = \varepsilon_{\theta1}(P_z) \tag{8.6}$$

式中，$\varepsilon_{\theta1}^0$ 为内力由 P_z 降低到 0 时内衬的应变差值。

平衡方程为

$$T_{\theta1}^0 = T_{\theta2}^0 \tag{8.7}$$

物理方程为

$$\sigma_{\theta1}^0 = E\varepsilon_{\theta1}^0, \quad \sigma_{\theta2}^0 = E_\theta\varepsilon_{\theta2}^0$$
$$T_{\theta1}^0 = \sigma_{\theta1}^0 h_1, \quad T_{\theta2}^0 = \sigma_{\theta2}^0 h_2 \tag{8.8}$$

式中，$T_{\theta1}^0$ 为自紧后内压降为 0 时的内衬压缩力；$\sigma_{\theta1}^0$ 为内衬环向应力；E 为内衬材料弹性模量；h_1 为内衬壁厚；$T_{\theta2}^0$ 为纤维层拉伸力；$\sigma_{\theta2}^0$ 为纤维层环向应力；E_θ 为纤维层环向弹性模量；h_2 为纤维层厚度。

由式（8.6）～式（8.8）得内衬环向应力为

$$\sigma_{\theta1}^0 = \frac{E_\theta E h_2}{E_\theta h_2 + E h_1}\varepsilon_{\theta1}P_z \tag{8.9}$$

由式（8.5）和式（8.9）得

$$0.6\sigma_{0.2} \leqslant \sigma_{\theta1}^0 = \frac{E_\theta E h_2}{E_\theta h_2 + E h_1}(\varepsilon_{\theta1}^{0.2} + \Delta\varepsilon_{\theta2}) \leqslant 0.95\sigma_{0.2} \tag{8.10}$$

将式（8.5）代入式（8.10），可确认 Δp 的范围，进而可求出自紧压力 P_z 的范围（秦小强等，2020）。令自紧压力变化范围为 38～50MPa，有限元计算结果如图 8.5 所示。

如图 8.5（a）和（b）所示，内衬在工作压力下的 Mises 应力最大值随着自紧压力的增大逐渐减小，纤维方向应力逐渐增加。当自紧压力由 38MPa 增加到 50MPa 时，内衬的 Mises 应力最大值从 227.5MPa 降低到 186MPa。纤维方向的最大应力从 697MPa 增加到 738.3MPa。

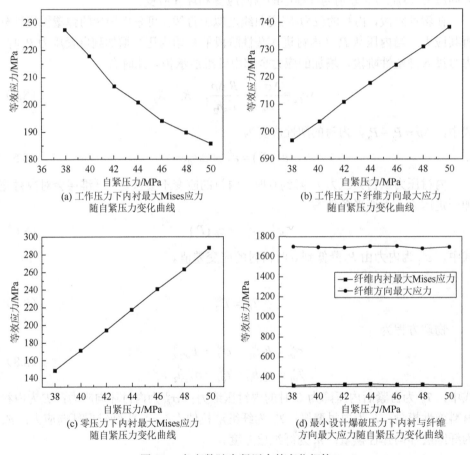

图 8.5　各参数随自紧压力的变化规律

图 8.5（c）为零压力下内衬 Mises 应力最大值随自紧压力变化曲线。从图中可以看出，卸载后，内衬 Mises 应力最大值随着自紧压力的增大逐渐增大，当自紧压力由 38MPa 增加到 50MPa 时，内衬的 Mises 应力最大值从 149.2MPa 增加到 287.4MPa。根据 DOT-CFFC 标准要求，在零压力下，内衬的最大应力不得低于屈

服强度的 60%，不得高于屈服强度的 95%，即不得低于 168.6MPa 和不大于
267MPa。所以，在此条件下，自紧压力的取值范围为 39.7～48.2MPa。

由图 8.5（d）可知，最小设计爆破压力下，内衬 Mises 应力最大值和纤维的最大
拉应力基本不随自紧压力变化而变化，表明复合材料气瓶最终爆破应力状态与自紧压
力无关。综上所述，为了使工作压力下内衬 Mises 应力尽可能减小，自紧压力取
48.2MPa。

8.1.2　非金属内衬储氢气瓶

非金属内衬一般选用塑料材料，常用的有聚乙烯内衬等，其结构主要由铝合
金气阀、尼龙内衬、复合材料铺层组成。非金属内衬的优点如下。

（1）节省成本。塑料内衬本身比金属内衬价格低，但是金属接头成本高。

（2）高压循环寿命长。塑料内衬的复合材料气瓶，常能从零到使用压力工作
10 余万次。

（3）防腐蚀。塑料内衬不受各种腐蚀材料的影响。

1. 设计条件

1）技术指标

复合材料气瓶的工作载荷为 70MPa，爆破压力为 175MPa。

2）塑料内衬几何尺寸

复合材料IV型储氢气瓶两极孔相等，极孔半径均为 40mm，筒身段外径为
168mm，筒身段长度为 538mm，总长度为 840mm，如图 8.6 所示。

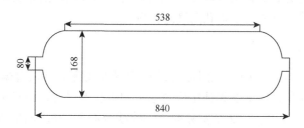

图 8.6　复合材料IV型储氢气瓶尺寸示意图（单位：mm）

3）原材料

（1）内衬：内衬选用尼龙 PA6，屈服强度为 49MPa，强度极限为 55MPa。

（2）复合材料：碳纤维采用国产 T700-12K 碳纤维，树脂采用 EW-80 环氧树
脂。具体材料参数如表 8.4 所示。

表 8.4　T700 复合材料力学性能参数

参数	数值
纵向拉伸模量 E_1/GPa	134
横向拉伸模量 $E_2 = E_3$/GPa	7.42
面内泊松比 $\mu_{12} = \mu_{13}$	0.28
面外泊松比 μ_{23}	0.3
面内剪切模量 $G_{12} = G_{13}$/GPa	3.71
层间剪切模量 G_{23}/GPa	4.79
纵向拉伸强度 X_t/MPa	2150
纵向压缩强度 X_c/MPa	1250
横向拉伸强度 Y_t/MPa	74
横向压缩强度 Y_c/MPa	180
面内剪切强度 S/MPa	50
密度 ρ/(g/cm³)	1.56

4）工艺参数

（1）气瓶缠绕采用的纱线，其单股纱片宽度为 3mm，单层螺旋缠绕纤维厚度为 0.235mm，单层环向缠绕纤维厚度为 0.201mm；

（2）该气瓶上下封头为对称结构，两极孔尺寸相等，可以采用测地线缠绕的方式，能够在缠绕中避免滑线的发生；

（3）缠绕时，正负缠绕的层数应该一致；

（4）缠绕过程中，环向缠绕应与螺旋缠绕交替进行；

（5）为了避免封头处出现厚度堆积，影响产品外观，防止实际缠绕路线与设计缠绕路线不符，常采用多扩孔角度进行缠绕。

2. 设计步骤

为了避免缠绕过程中极孔附近纤维堆积导致实际缠绕轨迹偏离设计缠绕轨迹，发生滑线现象，因此在设计中应考虑采用扩孔的思想，使封头厚度分布均匀合理，一般扩孔宽度为 1～2 个实际缠绕时的纱带带宽。利用网格理论计算得出在给定的载荷下各个扩孔角度对应的缠绕层数。

1）扩孔角度确定

气瓶在靠近极孔处，截面半径不断缩小，而纤维总量保持不变。因此，越靠近极孔处纤维就会堆积得越厚，一般在极孔附近一个带宽处纤维厚度出现峰值，实际缠绕中，这里会形成一个凸台，影响气瓶外形的美观程度，导致实际线型偏离设计线型，甚至出现滑纱现象。采用扩孔的方法，可以使封头处尤其是靠近极孔处纤维厚度分布较为均匀（王迪，2017）。本方案设计采用四股纱同时缠绕，四股纱宽度为12mm，即实际缠绕的一个纱带宽度为12mm，扩孔宽度为12mm，计算自极孔处开始，沿轴向每隔12mm的椭圆弧长所对应的极孔半径，该系列极孔半径所对应的缠绕角即扩孔角度。计算出扩孔角度如表8.5所示，扩孔过程中的平均扩孔角度为 $\alpha_0 = 23.2°$。

表8.5　扩孔角度

序号	扩孔角度/(°)	扩孔角度取整/(°)	极孔半径/mm
1	13.8	14	40
2	16.6	17	47.93
3	19.4	19	55.82
4	22.3	22	63.68
5	25.2	25	71.5
6	28.2	28	79.25
7	31.2	31	86.95
8	34.2	34	94.56
9	37.4	37	102.09
10	40.7	41	109.5

2）缠绕层数确定

取爆破压力175MPa，取纵向纤维强度发挥系数为0.75时，由网格理论可得圆柱筒身段螺旋缠绕的厚度为7.44mm，螺旋缠绕层的层数为34层，环向缠绕层的层数为40层。

3）有限元分析结果

175MPa下纤维方向应变 ε_1 的云图如图8.7所示。

图8.7　175MPa下纤维方向应变 ε_1 的云图

在爆破压力作用下可得筒身段纤维方向应变最大，为 2.004×10^{-2}，并未超过材料强度极限。

3. 气瓶缠绕工艺

根据设计扩孔角度，将金属气瓶内衬安装在缠绕机主轴上，将碳纤维穿过纱架、浸胶槽、丝嘴等，启动缠绕程序进行缠绕，气瓶两端极孔大小相同，可以采用测地线缠绕，气瓶缠绕图如图 8.8 所示。

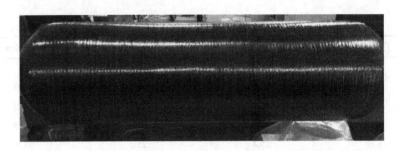

图 8.8　复合材料气瓶缠绕图

8.2　固体火箭发动机壳体

固体火箭发动机是一种采用固体推进剂的化学火箭动力装置，为火箭弹提供动力，在导弹武器、运载火箭和空间飞行器中都有广泛应用。其最大特点是结构简单，并具有机动、可靠、生存能力强的优点，非常满足现代战争的要求，因此在武器系统和航天领域有广泛应用。但正是由于固体火箭发动机壳体结构简单，它不能像液体发动机那样用液体冷却，所以必须选用高性能、高效率、功能强的先进材料来承受高温、高压、高速和化学气氛下各种复杂载荷的作用，从而给结构设计带来困难，同时对材料工程提出了苛刻的要求。壳体是发动机燃烧室工作压强的承载部和地面操作各种场合的静载和动载的关键部件，需要承受复杂的外力和环境条件引起的载荷，因此固体火箭发动机对材料要求极高，用作壳体的材料通常都具有优异的性能，一般都代表着当代材料科学的水平。高性能固体发动机壳体是以先进材料为基础和支撑技术联系起来的。轻质复合材料壳体可以提高发动机的质量比和性能，要求壳体承压能力增高，并且要求喷管使用更耐烧蚀的轻质材料，需要选用先进的复合材料和成型工艺。由此不难看出，先进材料的全面应用是提高发动机性能的一项决定因素。

在经历了多年的发展后，各种先进材料为发动机的性能提升做出了巨大贡献。科学技术的进步更是日新月异，各种新型复合材料（包括树脂基、碳基陶瓷基、金属基复合材料）迅猛发展，前沿材料和智能复合材料不断进步，这些先进技术的发展都极大地促进了固体火箭发动机壳体技术的发展；固体火箭发动机壳体对材料性能要求高，一般的解决办法是增加厚度或采用高性能的材料。增加厚度会导致推进剂的质量变小，降低效能。因此，复合材料是固体火箭发动机壳体材料的较好选择。从国内外固体火箭发动机壳体材料的研发过程来看，发动机壳体大致经历了从金属玻璃纤维、有机纤维到高强度碳纤维的几个阶段（陈刚等，2004）。纤维缠绕工艺成型固体火箭发动机是指使用连续纤维缠绕工艺加工出来的固体火箭发动机，这种技术是近代复合材料研究史上的一个重要里程碑，纤维缠绕是机器主导的用于复合结构制造的过程。

8.2.1　一般壳体

复合材料壳体的分析比平板问题或者平面应力问题复杂，固体火箭发动机的壳体在几何上是轴对称壳体，壳体中面是由一条与对称轴共面的曲线绕对称轴旋转一周得到的。本节以某固体火箭发动机纤维全缠绕壳体为分析案例，采用网格理论进行螺旋加环向筒身段、等应力封头段的结构强度设计，获得不同铺层方案，发动机壳体由筒身段前后接头、前后封头、弹性层、前后裙及前后端框组成。按燃烧室壳体所使用的材料和加工方法，将壳体结构分为两类：金属结构和纤维缠绕结构。纤维缠绕壳体通常将封头与筒体制成一体，用浸润过树脂的纤维束在缠绕机的芯模上缠绕而成，筒身的周向应力远大于轴向应力。壳体沿径向的方向一般包含缠绕层和内衬层。缠绕层是壳体结构的承力层，主要用于提供刚度和强度；内衬层的作用是防渗耐腐蚀，一般由气密性好且能耐充装介质腐蚀的材料制成。通过合理地设计复合材料单层板的方向和用量，可达到等强度设计的要求。复合材料缠绕层的厚度设计可作为发动机壳体强度指标和变形指标的依据。壳体设计的主要内容有确定壳体的形状和结构、绘制草图、合理选择结构材料、进行壳体的强度分析。

1. 芯模设计

芯模是壳体缠绕成型的模具。发动机壳体内型面的几何形状、尺寸及其精度要靠芯模保证。芯模设计的一般原则如下：

（1）芯模的几何形状、尺寸精度、尺寸稳定性和表面质量应满足发动机壳体内型面的要求。

（2）芯模结构的强度、刚度、整体性应能满足缠绕工艺使用要求，即能承受缠绕张力、外载荷及交变载荷的作用，在自重下弯曲变形小。

（3）芯模应能满足基体树脂固化时温度及固化方式的要求。

（4）芯模应具有良好的制造工艺性和可拆性。

（5）芯模材料来源广，成本较低。

（6）芯模质量轻，以便在生产中运输及使用。

芯模材料选择时需考虑的因素有：芯模的线膨胀系数影响制品固化后的尺寸精度；芯模材料的弹性模量影响制品的力学性能和尺寸精度；芯模材料的导热性能影响制品的固化度；芯模的含水量严重影响基体树脂的固化，甚至会引起复合材料分层开裂。

芯模材料一般分为两类：一类是溶性材料（魏正方，2007）；另一类是组装式材料。常用的壳体芯模材料有石膏、钢、铝、砂/聚乙烯醇等。

选择芯模材料时应考虑壳体的生产批量、尺寸形状及性能要求。批量大的纤维缠绕制品芯模宜用金属模，既可以反复多次使用，又可以较严格地保证尺寸精度。单件或小批量制品，或者形状复杂、尺寸较大又不易机械加工的制品，采用石膏芯模或砂/聚乙烯醇芯模比较适合。同时，芯模材料的选择在很大程度上还取决于脱模方法，选材前一定要仔细考虑如何脱模。芯模材料既不能被树脂腐蚀，也不应影响树脂体系固化。另外，石膏芯模不适合大张力缠绕，否则容易发生芯模塌陷等问题而影响产品质量。

2. 绝热层设计

内绝热层是发动机的重要组成部分，应能承受发动机在推进剂浇铸、固化、储存、运输、飞行和工作过程中所引起的各种应力的作用。发动机壳体的内绝热层主要是通过隔热和烧蚀机理来保护壳体的，因此其导热系数和热扩散系数应尽可能小，比热容应尽量大（李建梅等，2013）；同时应具有较高的有效烧蚀热，即烧蚀单位质量的绝热层材料应吸收尽可能多的热量。此外，内绝热层还应具有下述优点。

（1）内绝热层应具有良好的力学性能，即一定的拉伸强度和足够的伸长率，以适应发动机增压、热循环以及与壳体/推进剂线膨胀系数存在差异的情况。

（2）内绝热层与壳体材料及推进剂应具有良好的相容性，使之能获得可靠的黏结，但又不改变相邻材料的性质和组分。

（3）内绝热层的密度应较小，延伸率应较大，以及应有较低的导热系数和较好的耐环境性能和抗老化性能。另外，还应工艺性能好、成本较低。

三元乙丙橡胶（EPDM）是目前最常用的内绝热层基体材料之一，它配合石棉、二氧化硅等作填料，可形成一种热固弹性材料，以达到绝热目的。三元乙丙橡胶密度低，绝热性能好，常用作壳体绝热材料。但在实际发动机壳体的应用中，由于后接头连接着喷管，设计将后封头内的绝热层厚度大于前绝热层的厚度。

3. 壳体尺寸与设计方法

本书选择对象为某固体火箭发动机复合材料壳体，壳体主要由装药燃烧室、喷管和点火装置组成，前端选用 M90×3 的普通螺纹与点火装置连接，复合材料壳体后端选用 M123×2 的螺纹与喷管连接，前后连接部位均采用侧面密封形式。要求设计的最大工作压强为 19.4MPa，复合材料壳体检验压强要求考虑 1.1 倍安全系数，爆破压力应不低于 1.5 倍安全系数。其中，复合材料壳体选用 T700 系列碳纤维和环氧树脂基体材料，在有砂芯模内衬的模具上缠绕制作完成，主要结构由前后接头、前后裙、复合材料层、绝热层以及收敛段内衬等组成。

绝热层材料是性能良好的三元乙丙橡胶，主要起密封、隔热作用。后封头是喷管的收敛段，为了保证发动机可靠工作，收敛段内衬采用碳纤维和玻璃钢纤维复合模压的内衬。前后接头、前后裙采用高强铝材料。壳体结构示意图如图 8.9 所示。

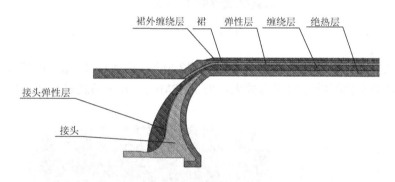

图8.9　壳体结构示意图

4. 复合材料层设计

根据网格理论计算方法，以及表8.4的材料参数，设计一种爆破压力为20MPa、直径为150mm的复合材料壳体，得到铺层参数为：螺旋缠绕层 4 层，环向缠绕层 4 层，螺旋层缠绕角度 15°，缠绕线型如图 8.10 所示。在网格理论设计时，考虑封头承压薄弱，在设计时会引入应力平衡系数，这样会带来封头补强效果减弱，或者不需要补强。为了达到较好的补强效果，这里应力平衡系数 $K_s = 0.9$。

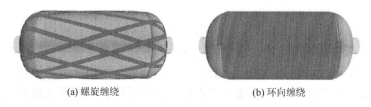

(a) 螺旋缠绕　　　　　　　　　(b) 环向缠绕

图8.10　壳体缠绕线型

在网格理论设计时，考虑封头承压薄弱，一般会对封头进行补强设计。补强方式主要有缠绕补强、碳布补强、预浸料补强等（刘炳禹等，1996），如图 8.11 所示。这里对壳体封头进行预浸料补强。

图 8.11　封头补强

对壳体进行有限元分析，结果如图 8.12 所示。由图可知，在 20MPa 应力下，可得壳体筒身段纤维方向应力最大，为 1972MPa，并未超过材料强度极限。

图 8.12　纤维方向应力云图

8.2.2　壳体尾喷一体化

传统的发动机壳体缠绕仅仅是对火箭的燃烧室壳体进行缠绕，壳体外形由筒身段以及椭圆形封头段组成，缠绕方法简单，技术成熟。常规的纤维缠绕发动机壳体通常还要通过后封头与喷管上的金属法兰连接，消极重量仍然较大，降低了固体火箭发动机的质量比，从而很大程度上影响了固体火箭发动机的使用性能，并且制造装配过程繁杂、周期较长。

发动机壳体及喷管的一体化缠绕不仅可以有效降低发动机壳体的消极重量，还能降低制造成本，是未来发动机壳体的主要发展方向。发动机壳体及喉喷管外形为组合回转体，壳体及喷管的外形由椭圆段、直线段、过渡段、锥形段组合而成，回转体的截面尺寸随轴线变化大，尤其是壳体和喷管的过渡段外形复杂，缠绕过程中不但要考虑芯模尺寸，还要注意纤维与模具外表面的贴合，以及丝嘴的运动轨迹等。芯模尺寸结构如图 8.13 所示。

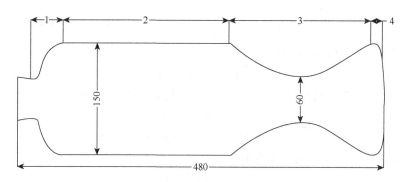

图 8.13　芯模外轮廓尺寸（单位：mm）

1-前封头；2-简身段；3-凹曲面段；4-后封头段

1. 线型设计

芯模的过渡段连接后封头和收敛段，缠绕的关键在于过渡段的缠绕。过渡段芯模轮廓直径沿轴向变化大，导致缠绕角变化范围大，纱线可能不会贴合芯模表面，而且过渡段直径的突变可能会引起丝嘴和芯模的干涉。为保证在过渡段缠绕过程中不会造成架空、划线等问题，需要对芯模过渡段可能会出现架空的部位进行判别处理。当采用非测地线进行纤维缠绕时，对任意回转曲面，要使纤维满足不架空条件，缠绕角需满足

$$\tan^2 \alpha \geqslant \frac{-k_u}{k_v} = \frac{f_u f''}{1 + f'^2} \tag{8.11}$$

式中，f_u 为回转曲面的母线方程；f' 为 f_u 的一阶导数；f'' 为 f_u 的二阶导数；k_u、k_v 为曲面 $s(u, v)$ 在参数曲线方向的主曲率；α 为缠绕角。

为满足缠绕过程中的不架空要求，一般选用单叶双曲面作为过渡段，二次单叶双曲面图及其剖面图如图 8.14 和图 8.15 所示，在二次曲面中，单叶双曲面是一类特殊的曲面，它是与中心轴成一定角度的直线绕中心轴回转而成的，即直纹面。

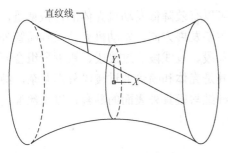

图 8.14　单叶双曲面

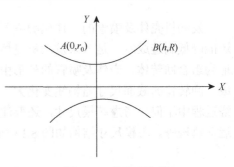

图 8.15　单叶双曲线

过 $A(0, r_0)$、$B(h, R)$ 的双曲线方程为

$$x^2 + (y - y_0)^2 = R_0^2 \tag{8.12}$$

对于过 A、B 点的双曲线，由公式可得双曲面的不架空条件为

$$\tan^2 \alpha \geqslant \frac{r_0^2(R^2 - r_0^2)}{r^2(R^2 - r_0^2 + h^2) - r_0^2(R^2 - r_0^2)} \tag{8.13}$$

单叶双曲面上直纹线的缠绕角为

$$\tan^2 \alpha = \frac{r_0^2(R^2 - r_0^2)}{r^2(R^2 - r_0^2 + h^2) - r_0^2(R^2 - r_0^2)} \tag{8.14}$$

由式（8.14）求得的缠绕角 α 即为恰好不架空的临界缠绕角（韩振宇等，2004）。而且，由于直纹线为测地线，所以若缠绕时能够沿着单叶双曲面上直纹线进行，则纤维轨迹稳定且不架空。

同时，考虑到壳体筒身段直径以及喉径处直径差别较大，当缠绕角过大时，缠绕角在过渡段会达到 90°，由于直线段截面直径小于过渡段，所以纱线将不能在直线段缠绕。当缠绕角过小时，过渡段缠绕角也会相对减小。缠绕角越小，越会在过渡段产生架空现象。为了满足稳定缠绕和均匀排布两个条件，根据实际芯模尺寸结构，非测地线缠绕角设为 23°，根据模型具体尺寸，在二维绘图软件中绘制出轴对称模型，并导入缠绕模拟软件 CADWIND 中进行建模，采用非测地线缠绕方式进行线性仿真，仿真结果如图 8.16 所示。

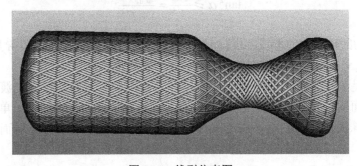

图 8.16　线型仿真图

2. 材料参数及设计指标

内衬材料结构主要由 C-30CrMnSiA 合金结构钢金属接头、三元乙丙橡胶内衬组成，结构示意图如图 8.17 所示，基本力学性能参数如表 8.6~表 8.8 所示。纤维层由 T700 碳纤维环氧树脂复合材料组成，筒身段设计爆破压力力 10MPa。

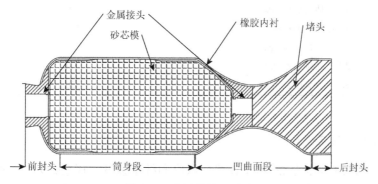

图 8.17　内衬结构示意图

表 8.6　C-30CrMnSiA 合金结构钢力学性能参数

参数	数值
弹性模量/GPa	196
泊松比	0.3
屈服强度/MPa	835
拉伸强度/MPa	1080
密度/(g/cm^3)	7.85

表 8.7　三元乙丙橡胶力学性能参数

参数	数值
弹性模量/MPa	7.8
泊松比	0.47
拉伸强度/MPa	10
密度/(g/cm^3)	1.2

表 8.8　复合材料基本力学性能参数

参数	数值
纵向拉伸模量 E_1/GPa	134
横向拉伸模量 $E_2 = E_3$/GPa	7.2

续表

参数	数值
面内泊松比 $\mu_{12} = \mu_{13}$	0.28
面外泊松比 μ_{23}	0.3
面内剪切模量 $G_{12} = G_{13}$/GPa	3.71
层间剪切模量 G_{23}/GPa	4.79
纵向拉伸强度 X_t/MPa	2300
纵向压缩强度 X_c/MPa	1250
横向拉伸强度 Y_t/MPa	74
横向压缩强度 Y_c/MPa	180
面内剪切强度 S/MPa	50

3. 纤维增强层设计

以筒身段爆破压力 20MPa 计算，取纵向纤维强度发挥系数为 0.7 时，筒身段缠绕线型采用螺旋缠绕与环向缠绕相结合的缠绕方式进行缠绕，由网格理论可得螺旋缠绕层 4 层（2 个缠绕循环），以及环向缠绕层 4 层。其纤维铺层顺序为 $[\pm25/90_2/\pm23/90_2]$。

4. 有限元分析结果

由有限元分析结果（图 8.18）可知，在爆破压力下，纤维并未发生破坏，在该载荷下右封头与金属接头连接处基体发生了一定的破坏。整体结果显示，在两侧封头与金属接头连接处纤维应力水平较高，符合设计要求。

图 8.18　纤维方向应力云图

8.3　锥形天线罩

导弹的前端是流线形状的天线罩，安装天线罩的目的是保护导弹前端的导引头，在导弹前端安装的天线罩不仅要能透过电波，还要满足高速飞行时的空气动力性能。导弹天线罩为了能承受高速、高机动飞行的空气阻力，必须具备很高的力学性能和可靠性。由于与空气的摩擦引起的温度上升随导弹的种类不同而异，有时温度可达 900℃，因此耐热性也是重要参数，所以对制造要求极严格。导弹天线罩必须具备如下特性：适当的电容率、介电损耗、硬度/强度、破坏韧性（用陶瓷时）、雨蚀、弹性率、传热率、热膨胀率、比热容、耐热冲击性和密度等（王永寿，2002）。

天线罩材料根据耐热性和电波透过特性要求，大体可分为纤维增强塑料和陶瓷两类。利用不同材料，其制造方法也完全不同。纤维增强塑料有采用石英纤维、玻璃纤维、芳香族纤维等增强的塑料，作为基底树脂有聚酰亚胺、环氧树脂、酚和不饱和聚酯等。要求耐热性能比高时可采用陶瓷，天线罩用的陶瓷有氧化铝、石英玻璃、耐热玻璃等，主要是电容率低、可承受快速加热引起的热冲击的低热膨胀材料。采用红外制导或红外与电波复合导引头时，可使用氟化镁、氟化钙等能透过红外线的材料制成天线罩，还有经过改进提高了强度可靠性和耐热性能的陶瓷基复合材料（氧化铝纤维增强氧化铝）。

陶瓷天线罩的制造技术主要包括泥浆成型、CIP 成型，陶瓷天线罩的泥浆成型工艺一般包括调浆、浇铸、干燥、烧结、机械加工、组装、电气实验和负荷实验等。纤维增强塑料天线罩的成型方法有手工铺放成型、长纤维缠绕法、真空充填成型和高压釜成型等。

天线罩尾段大端面用来与机体前部框架连接，天线罩尖端存在的工艺孔原本用来安装空速管，取消空速管的天线罩则需要采用独立部件封堵。如果仔细分辨现有战斗机的天线罩外形，可以发现无空速管的天线罩前端尖点位置大都有一个颜色不同的小型尖锥形填充物。这个部件的存在是为了封堵缠绕模具的工艺孔，改善纤维缠绕的工艺性和降低技术难度，也是改善整体成型锥体雷达罩的强度，部分封堵材料甚至直接选择金属件增强强度。

下面主要介绍天线罩的纤维缠绕成型制造工艺，假设对于某一个芯模尺寸，其天线罩大端直径为 355mm，小段直径为 30mm，高度为 654mm，如图 8.19 所示。

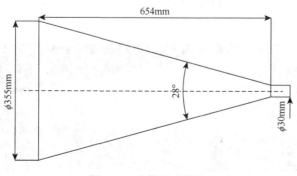

图 8.19　芯模尺寸结构

若采用测地线缠绕方式，根据克莱罗条件（Clairaut condition）方程进行计算，其测地线方程为

$$\sin\alpha = \frac{r_0}{r} \tag{8.15}$$

式中，α 为缠绕角；r_0 为极孔半径；r 为封头子午线各点半径。

首先进行小角度的螺旋缠绕，完整的锥形芯模是无法实现小角度缠绕的，因此需要对芯模进行结构设计，如图 8.19 所示，将锥顶去掉保留台阶，并在台阶处固定一个小圆柱轴来保证缠绕的可行性，防止滑纱，因缠绕是往复循环的，缠绕到大端时需要经过圆锥的底面来保证最终的缠绕角为 90°，所以每次的缠绕过程都需要底面来进行过渡，最终产品是需要将底面的纤维剪掉，虽然会造成约 20%的纤维浪费，但为了确保工艺的可缠性，必须经过底面过渡。利用仿真软件进行线型设计，使其缠绕路径可以通过前后两个端面，并生成机器代码用以数控缠绕机实际缠绕成型。图 8.20 和图 8.21 分别为螺旋缠绕和底部的仿真图。

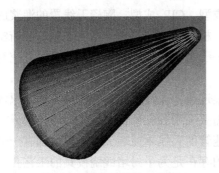 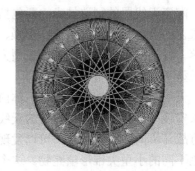

图 8.20　螺旋缠绕的仿真图　　　　　图 8.21　螺旋缠绕的底部仿真图

图 8.22 为实际螺旋缠绕的效果图，厚度变化为逐渐增大的趋势，当缠绕角达到 90°的位置时，厚度达到最大值，形成严重的堆积现象。为达到产品的厚度要求需进行多次螺旋缠绕，则会造成圆锥小端头部严重的厚度堆积，其小端的厚度为大端厚度的 10～20 倍，而且严重的厚度堆积会产生滑纱行为，导致线型混乱，圆锥各部位的厚度差别极大。

图 8.22　实际螺旋缠绕的效果图

8.3.1　表层光滑性设计

单一的螺旋缠绕后的纤维层厚度差别较大，为减缓小端严重的厚度堆积，保证可以多次缠绕，可以考虑在圆锥表面进行扩孔缠绕，每个扩孔缠绕之间的间距较大，从小端开始扩孔，以大段的缠绕角为初始缠绕角，经过分析可知，小端需要一个直径为 5mm 的支撑轴，此时缠绕角为 2°，大端缠绕需要经过底面，角度越大，经过底面的极孔越大，但角度过大经过底面的纤维会滑纱，在这里最大取为 60°，因此大端的初始缠绕角的变化范围为 2°～60°。图 8.23 为 5 次扩孔的仿真图，图 8.24 和图 8.25 为实际缠绕结果，接着使用湿法进行缠绕，然后固化完成，并用三维扫描仪进行厚度检测，如图 8.26 所示。

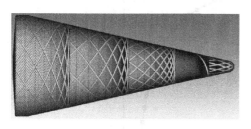

图 8.23　5 次扩孔缠绕仿真图

图 8.24　5 次扩孔缠绕结果

图 8.25　湿法缠绕固化结果

图 8.26　三维扫描厚度分布图

由图 8.26 可知，扩孔缠绕可以减缓小端处严重的厚度堆积，将堆积位置分散在圆锥的其他位置。根据厚度检测结果可知，随着初始设定的缠绕角的增加，厚度堆积有所降低，但厚度变化趋势仍为逐渐增大的趋势，当缠绕角达到 90°的位置时，形成堆积现象，导致圆锥表面整体分布不均匀。

总之，传统的测地线缠绕法无法保证产品厚度的均匀性，无法满足天线罩要求的性能。

8.3.2　厚度均匀性设计

为实现纤维缠绕厚度的均匀性，需要采用等厚度缠绕法，其公式为

$$\alpha = \arccos\left(\frac{R_0 \cos\alpha_0}{r}\right) \qquad (8.16)$$

式中，α 为缠绕角；R_0 为大端半径；α_0 为大端初始缠绕角；r 为封头子午线各点半径。

中心转角方程为

$$\frac{\mathrm{d}\theta}{\mathrm{d}z} = \frac{\sqrt{1+r'^2}}{r}\tan\alpha \qquad (8.17)$$

假设初始缠绕角为87°，则可得到缠绕角的变化如图 8.27 所示，利用 MATLAB 仿真可以得到线型仿真图，如图 8.28 所示。

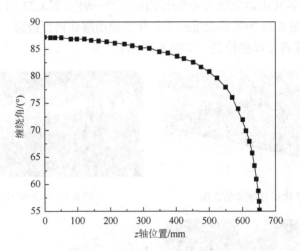

图 8.27　缠绕角沿轴线上的分布

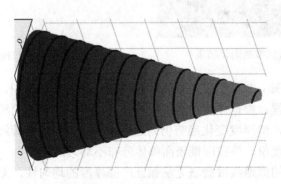

图 8.28　线型仿真图

根据缠绕角和中心转角，可以得到线型。在进行实际缠绕之前，需要计算缠绕轨迹用于缠绕机设备的缠绕成型，缠绕轨迹采用等轮廓包络轨迹。这个芯模等轮廓包络计算模式，计算时机床运动被约束在一个包络芯模轮廓的轮廓表面，包络芯模轮廓表面距离芯模表面，如图 8.29 所示，即该计算模式要求机床丝嘴水平轴和丝嘴伸臂轴同步插补运动，方可围绕芯模表面轮廓进行光顺的机床运动。该计算模式主要适用于轴对称以及大多数非轴对称模型。

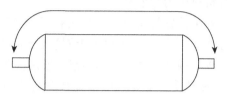

图 8.29　等轮廓包络轨迹示意图

等轮廓约束条件相当于为机床运动轨迹增加一个方程为 $g(Z) = X$, 其中 g 函数为所约束的轨迹曲线，求得落纱角 ϕ 后，可得到各轴的运动方程。主轴、伸臂、小车、纱嘴的运动方程如下：

$$\begin{cases} \varphi = \theta + \phi \\ X = r\dfrac{\tan\alpha}{\tan\alpha\cos\phi - \sin\phi\sin\delta} \\ Z = z + r\dfrac{\cos\delta}{\tan\alpha\cot\phi - \sin\delta} \\ A = \arctan\dfrac{\cos\delta}{\sin\phi\sin\delta - \tan\alpha\cos\phi} \end{cases} \quad (8.18)$$

式中，φ 为主轴转角；θ 为中心转角；ϕ 为落纱角；X 为伸臂运动轨迹；r 为芯模母线半径；α 为缠绕角；Z 为小车运动轨迹；A 为纱嘴绕伸臂方向的旋转运动轨迹。

求得上述实际轨迹坐标，将其转换为缠绕机识别的机代码用于实际缠绕，但在实际实验时，因为缠绕到小段为 55°，无法返回，需增加一个过渡段，在此为一个小圆柱用于线型的过渡缠绕。其实际缠绕如图 8.30 所示。

图 8.30　等厚度缠绕结果

由上述缠绕结果可知，利用等厚度缠绕方式，可以避免纤维层厚度的严重不均匀性，从而可以进一步满足其性能要求。

8.4　环形压力容器

纤维缠绕环形复合材料压力容器是一种新型结构的压力容器，具有复合材料压力容器结构效率高、安全性好等特点，而且具有形状特殊、可利用狭小的环状空间特性，特别是在导弹、火箭中对安装空间位置要求苛刻、工作压力高的航空航天领域及民用潜水、救生领域有着广泛的需求，发展前景极为广阔。

环形压力容器缠绕成型技术主要应用于复合材料特种高压容器成型领域，是介于缠绕和编织之间的一类特种成型工艺，涉及专用缠绕机设计制造、缠绕工艺设计、芯模制造、脱模及树脂系统浸渍和固化方式等多种工艺综合技术。现阶段在国内真正实现全自动化环形体的缠绕设备还很少，有关报道更是少之又少。随着飞行器技术的发展，对于环形压力容器的品质要求越来越高；随着军事工业和民用工业的发展，对于环形压力容器的适用场合也越来越多。因此，纤维缠绕环形压力容器的设计、成型加工和损伤检测研究既有重大理论意义又有重要实用价值。

纤维在环形芯模表面上进行螺旋缠绕和环向缠绕时，其分布状态应具有以下特征。

（1）螺旋缠绕每一循环是两层，曲面上任一点纤维总是以缠绕角为 $\pm\alpha$ 成对地分布在经线的对称位置上，形成螺旋形网络。

（2）由于纤维连续缠绕，可以认为通过各平行圆的纤维总数均相等，并且等于通过环管大纬圆处的纤维总量。

（3）环管纤维缠绕路径是重复的，并且整条纤维应尽量均匀地完全覆盖芯模，这是缠绕技术的基本要求之一，对提高缠绕制品的力学性能十分重要。

（4）纤维路径在整个缠绕过程中不滑移，这样才能保证纤维按预先设计的路线精确地铺设在芯模上。若纤维打滑，则厚度分布离散，从而改变缠绕制品的强度分布。

（5）环形芯模是由凸凹曲面共同构成母线的回转体，纤维缠绕凸曲面时，可贴紧芯模表面；但缠绕到凹曲面处会在缠绕张力下悬空，即"架空"，如环管内拱的外表面。架空不仅会影响产品形状，而且会改变产品的性能，甚至会导致缠绕失效，所以在结构设计时应尽可能避免出现架空现象。

8.4.1　环形压力容器缠绕的数学模型

环形压力容器以 Z 轴为回转轴，与此轴共面但不相交的母圆绕 Z 轴回转一周便形成环形芯模表面，即圆环曲面，如图 8.31 所示。其中，R 为环面中心线曲率半径，r 为环管半径。可以用一个统一的数学表达式来描述芯模的母线方程：

$$(x-R)^2 + z^2 = r^2 \tag{8.19}$$

由解析几何可知，母圆绕 Z 轴旋转后得到的圆环曲面方程为

$$\left(\sqrt{x^2+y^2} - R\right)^2 + z^2 = r^2 \tag{8.20}$$

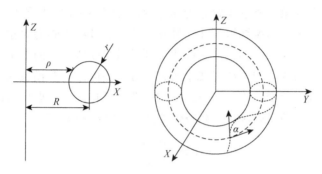

图 8.31　圆环曲面及纤维轨迹

根据微分几何，圆环面第一基本量为

$$E = \rho^2, \quad F = 0, \quad G = r^2 \tag{8.21}$$

将式（8.21）代入 Liouville 公式，可得纤维曲线的测地曲率为

$$\frac{\mathrm{d}\alpha}{\mathrm{d}S} = \frac{\rho'\cos\alpha}{\rho\sqrt{1+\rho'^2}} \tag{8.22}$$

式中，ρ 为曲面上一点到 Z 轴的回转半径；S 为曲线弧长；α 为纤维曲线正向与圆环曲面纬线的交角，即缠绕工艺中的缠绕角。

令 $k_{\mathrm{g}}=0$，可得圆环曲面测地线方程为

$$\frac{\mathrm{d}\alpha}{\mathrm{d}S} = \frac{\rho'\cos\alpha}{\rho\sqrt{1+\rho'^2}} \tag{8.23}$$

回转轴线坐标 Z 与弧长 S 满足如下关系：

$$\frac{\mathrm{d}Z}{\mathrm{d}S} = \frac{\sin\alpha}{\sqrt{1+\rho'^2}} \tag{8.24}$$

将式（8.24）代入式（8.23）整理后可得

$$\frac{\mathrm{d}\alpha}{\mathrm{d}Z} = \frac{\rho'}{\rho \cdot \tan\alpha} \tag{8.25}$$

式（8.34）两边同时对 Z 积分可得

$$\rho\cos\alpha = C \tag{8.26}$$

式中，C 为常数，由初始缠绕起点的位置和切向矢量决定。若缠绕起点坐标为 $(R+r,0,0)$，初始缠绕角为 α_0，则任意回转轴线坐标 Z 处缠绕角为（祖磊等，2016）

$$\alpha = \arccos\left\{\frac{(r+R)\cos\alpha_0}{\rho}\right\} \qquad (8.27)$$

目前，人们普遍认为测地线缠绕轨迹是最稳定的纤维路径，这对于轴对称凸回转体是正确的。对于圆环面，由于其并不完全是凸曲面，测地线在缠绕凹面时有可能产生架空现象，所以需要分析其可稳定缠绕的条件，即不架空条件。在纤维缠绕加工过程中，当缠绕机的吐丝嘴与工件间的纤维受强力而拉紧时，纤维应贴紧芯模表面而不应离开芯模，这取决于纤维微段在成型表面上由纱线缠绕张力而产生的成型压力的方向。如果成型压力的方向指向远离芯模表面，则将产生架空现象，反之则不架空。于是可得缠绕的不架空条件为：成型压力的方向与法向量相反。初始缠绕角必须满足下列条件才能保证纤维不架空：

$$\alpha_0 > \arccos\frac{R-r}{R+r}\cdot\sqrt{\frac{R-r}{R}} \qquad (8.28)$$

显然，测地线缠绕模式下纤维轨迹完全由初始缠绕条件和芯模尺寸决定，而且周期性延伸。纤维缠绕的线型排布、工艺稳定性和力学结构性能三者之间既相对独立，又相互联系，设计时要综合、全面考虑。可依据复合材料力学和最优化方法，结合壳体承载情况，在满足各项设计要求的前提下对缠绕参数进行优化设计，以减轻结构重量、增加结构强度、刚度为目标，得到满足约束条件的最优缠绕线型，实现产品性能的最佳化。

一般圆柱形压力容器的螺旋缠绕是往复进行的，当一个螺旋缠绕完成时，容器的任一表面都会布满缠绕角对称的两层纤维，但是环形压力容器缠绕时螺旋缠绕的前进方向始终沿着一个方向前进，在容器表面只能形成单一缠绕角的纤维层，无法提供对称方向的纤维抗力，如图 8.32 所示，因此完整的环形压力容器缠绕必须实现螺旋方向相反的双螺旋纤维缠绕。

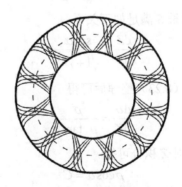

图 8.32　圆环纤维轨迹

在内压作用下，当纤维缠绕圆环压力容器在网格理论下处于平衡时，有 $T_Z = N_Z$，$T_\theta = N_\theta$。由此可得圆环压力容器在内压 p 作用下的平衡方程为

$$\sigma_\alpha h_\alpha \cos^2 \alpha = \frac{1}{2} r_0 p$$

$$\sigma_\alpha h_\alpha \sin^2 \alpha = \frac{1}{2} r_0 p \left(1 + \frac{R_0}{R} \right) \tag{8.29}$$

式中，r_0、R_0 分别为环管半径和环管轴线圆半径；R 为圆环曲面上平行圆半径；σ_α、h_α 分别为纤维应力和厚度；α 为轴向缠绕角，即纤维与半径为 R 的平行圆线的夹角。

将式（8.29）的两式相除，得均衡缠绕角所满足的方程为

$$\tan^2 \alpha = 1 + \frac{R_0}{R} \tag{8.30}$$

由式（8.30）可见，圆环压力容器在满足均衡型缠绕条件下，缠绕角虽不随内压而变化，但却是 R 的减函数，即圆环外缘的缠绕角最小，而圆环内缘的缠绕角最大。

将式（8.29）的两式相加，可得纤维应力为

$$\sigma_\alpha = \frac{r_0 p}{2h_\alpha} \left(2 + \frac{R_0}{R} \right) \tag{8.31}$$

纤维缠绕圆环压力容器上的最大纤维应力达到其拉伸强度时所对应的内压即爆破压力，最终可得单一螺旋缠绕圆环压力容器的爆破压力为（陈汝训，2006）

$$p_b = \frac{2\sigma_{fb} h_{\alpha e}(r_0 + R_0)}{r_0(2r_0 + 3R_0)} \tag{8.32}$$

式中，σ_{fb} 为纤维的拉伸强度；$h_{\alpha e}$ 为圆环外缘处的纤维厚度。

8.4.2 缠绕成型控制

纤维缠绕成型是一个复杂的工艺过程，缠绕机吐丝嘴控制浸渍树脂胶液的纤维束沿预先设计的线型路径缠绕在旋转的芯模表面上。大量实践证明，对于任何形式的缠绕成型，必须具有芯模和吐丝嘴的相对运动，并且这个相对运动关系严格决定着最后的纤维线型排布规律。目前对于一般的压力容器成型，均是由芯模绕其轴线的回转运动和吐丝嘴沿芯模轴向的往复直、曲线运动完成的。而环形压力容器是双向弯曲且轴线封闭的部件，传统的缠绕运动方式将无法实现。环形芯模与吐丝嘴必须分别在两个互相垂直的平面（平面 XOY 和平面 XOZ）内做圆周运动才能实现纤维在环形芯模表面的循环缠绕。

若定义完成一个完整循环，环形芯模绕 Z 轴旋转 n 圈，丝嘴在平面 XOZ 内绕其轴线 x = R 旋转 k 圈，则环形压力容器缠绕速比为

$$i = \frac{w_m}{w_n} = \frac{n}{k} \tag{8.33}$$

式中，n 和 k 是一对互素数。

考虑芯模外弧纱带均匀布满，速比微调量为

$$\Delta i = \frac{w}{2\pi n(R+r)\sin\alpha_0} \tag{8.34}$$

式中，w 为带宽。

由此可得实际缠绕速比为

$$i = \frac{n}{k} \pm \frac{w}{2\pi n(R+r)\sin\alpha_0} \tag{8.35}$$

式中，"±"表示超前或滞后。满足上述缠绕速比条件，经过若干个完整循环缠绕后，纤维带便能一片挨一片均匀布满整个芯模表面。通过均匀布满基本要求可以对优化线型进行适当调整。

在环形压力容器的制造中，其既不同于通常圆柱壳的螺旋缠绕，也不同于球形压力容器的大圆缠绕。其运动方式是一边驱使环形压力容器旋转，一边驱使带有单个纱团转盘（或两个纱团的转盘相向）围绕环形压力容器做交叉运动。这与传统的纤维缠绕有所不同，与其说是纤维缠绕，不如说是一种简单形态的编织。因此，这就决定了环形压力容器缠绕工艺的复杂性，也决定了环形压力容器缠绕机通用性较差，必须对某一尺寸（或相近）工件的工作母机进行特定设计。环形压力容器缠绕机的设计必须具备以下几点（祖磊，2007）：

（1）环形芯模必须绕其轴线做回转运动，因此要有驱动环形压力容器旋转的主动环节。

（2）把旋转运动传递给环形芯模有两种方式。一种方式是做个大圆盘把环形芯模表面上的几个点固定在上面，圆盘转动环形芯模也跟着转动；另一种方式是通过摩擦力带动环形芯模转动，此方案允许环形芯模上面没有固定点，但给传动方案带来很大的设计困难。

（3）有一个或两个纱团穿过环形芯模，并以环形芯模的中径圆为中心做回转运动。如果从相对运动来理解，假设工件静止不动，那么纱团除了绕环形芯模中径圆相切的自身中心线做自转，还应有一个绕环形芯模轴线的公转，因此如果选择固定环形芯模表面的几个点来给环形芯模提供运动，势必会发生纱团转盘和环形芯模大圆盘的运动干涉，这是我们所不愿意发生的，应采取措施来防止发生此运动干涉，或者采用多只机械手交替把转动传递给环形压力容器，如图 8.33 所示。

图 8.33　特种缠绕机进行圆环的缠绕

8.5　球形压力容器

球形压力容器（图 8.34），又称球罐，是储存和运输各种气体、液体、液化气体的一种有效、经济的压力容器，在化工、石油、炼油、造船及城市煤气化工等领域得到大量应用。其主要优点如下：

（1）受力均匀。在同样壁厚条件下，球形压力容器的承载能力最高，在相同内压条件下，球形压力容器所需要的壁厚仅为同直径、同材料的圆筒形压力容器壁厚的一半。

（2）在相同容积条件下，球形压力容器由于其壁厚、表面积均较小等，一般比圆筒形压力容器要节约钢材。

图 8.34　球形压力容器

在缠绕球形压力容器的过程中，有一定的摩擦力存在于球体表面与缠绕纤维之间，使得纤维能够适当地偏离球最大圆。实践证明，当纤维的落纱平面与球体最大圆平面之间的夹角小于 10°时不会滑线。采用先进复合材料制作的球形压力容器具有质量轻、性能好、可靠性高的特点，能满足航空用压力容器的各项环境和性能要求，符合航空部件轻量化发展的趋势。

8.5.1　球形压力容器缠绕规律

球形压力容器的缠绕规律可以看成两个半径相同的封头，所以对于球形压力容器的缠绕，可以看成对封头的缠绕。因此，选择螺旋缠绕方式进行球形压力容器的缠绕（刘萌等，2018），是按照球形压力容器的测地线缠绕来进行的，纱带每一次缠绕时都经过球形压力容器的最大圆，球形压力容器的球形直径 $D = 400\text{mm}$，长度 $L = 400\text{mm}$，封头极孔直径为 $d = 100\text{mm}$，封头高度 $h = D/2 = 200\text{mm}$。假定纱片宽度 $b = 5\text{mm}$，下面选定缠绕线型、转速比、缠绕角。

1. 根据测地线缠绕角公式求得缠绕角

$$\alpha = \arcsin\left(\frac{d}{D}\right) = \arcsin\left(\frac{100}{400}\right) = 14.5° \tag{8.36}$$

2. 单程线芯模转角

对于一个具体制品，选定缠绕线型和转速比，实质就是如何选定芯模转角 θ，因为其对应着固定的线型和转速比。所以，为使纤维能有规律地布满芯模表面，丝嘴往返一次即出现与起始切点时序相邻的切点时，芯模转角 θ 必须满足

$$\theta = \gamma + \beta = \frac{l\tan\alpha}{\pi D} \times 360° + 2\left(90° + \arcsin\frac{2h\tan(\alpha - d)}{D}\right) = 208.66° \tag{8.37}$$

$$\theta_n = 2\theta = 208.66° \times 2 = 417.32° \tag{8.38}$$

根据单程线型芯模转角推荐值，选取与 417.32°相近的 432°作为芯模转角，对应的 $n = 5$，$K = 1$，$N = 1$，球形压力容器已经确定，所以选择改变缠绕角。

3. 调整缠绕角

如果能找到一个 θ 值刚好等于按测地线缠绕求得的值，那么用此线型和转速比进行缠绕，就可以既满足纤维有规律均匀布满芯模表面的条件，又满足纤维位置稳定条件。至此，只要容器几何尺寸确定，线型和转速比也就可以求得并确定。为了避免在极孔处纤维架空而影响封头强度，在选定线型时，应尽量采用切点数较少的线型，所以最好选用五切点内线型。当求得的 θ 与单程线型芯模转角推荐

值不一致时，就必须适当调整 θ 值，使其在某个允许的误差范围内，接近单程线型芯模转角推荐值。具体步骤是：调整某个几何尺寸或者改变缠绕角，使计算出的新的 θ 在允许的误差范围内等于与其较为接近的单程线型芯模转角推荐值。

具体的调整过程一般有以下几种情况。

（1）若容器允许，则改变圆筒段长度，这时缠绕角可不变，这样的调整完全满足了纤维位置的稳定条件。

（2）若容器的尺寸不变，则 x 值就得改变。但是根据实践经验，对于湿法缠绕实际缠绕角与短程线理论缠绕角相差 $\pm 10°$ 时，出于纱片摩擦力、树脂黏滞作用等原因，纤维仍不致发生滑移。

（3）若允许改变极孔直径，则可以根据公式用试算法求出合适的极孔直径及缠绕角。

$$\theta = \frac{l\tan\alpha}{\pi D} \times 360° + 2\left(90° + \arcsin\frac{h\tan(\alpha - \gamma_0)}{R}\right) \qquad (8.39)$$

经过试算缠绕角为 $17.5°$。

8.5.2　球形缠绕切点数对线型的影响

一个完整循环内，纤维缠绕芯模每往返一次都会与极孔相切。在一个循环内，纤维与极孔相切的次数即切点数，它是表征纤维在芯模缠绕方式的重要参数。用切点法分析螺旋缠绕规律，完成一个完整循环缠绕有两种情况：第一种情况是与起始切点位置相邻的切点，在时序上也相邻，因此在出现与起始切点相邻的切点之前，极孔圆周上只有一个切点，称该缠绕方式为单切点缠绕；第二种情况是与起始切点位置相邻的切点在时序上不相邻，也就是说，在出现与起始切点位置相邻的切点之前，极孔圆周上已有两个以上的切点，这样的缠绕方式称为多切点缠绕。

采用不同的切点数，纤维缠绕的线型不同，纤维均匀布满芯模表面所需循环次数也不同，如图 8.35 所示。切点数越多，纤维交叉次数增多，容易引起纤维堆积和架空现象，进一步将会导致应力集中，使其力学性能降低。反之，切点数越少则所需循环次数越多，时间耗费大，力学性能也会降低。因此，选用合适的切点数以满足缠绕线型和力学性能非常重要。

(a) 4切点线型　　　　(b) 5切点线型

图 8.35　不同切点线型

切点数的改变会导致滑移系数和缠绕角的不同，从而使得缠绕线型不同，不同平行圆处的缠绕厚度和角度也不同。因此，为了验证不同线型设计对气瓶强度的影响，分别模拟设计压力为 80MPa 下不同初始缠绕角和厚度下的气瓶失效情况，模拟结果如表 8.9 所示。根据 Tsai-Wu 失效准则，线型为 13 切点时最佳。

表 8.9　模拟结果

切点数	初始缠绕角/(°)	需要的层数	Tsai-Wu 系数
5	10	20	0.73～0.85
6	10.7	22	0.67～0.82
13	11	18	0.61～0.72

8.5.3　球形气瓶应力预测分析

基于网格理论设计以及前面的缠绕角计算，设计爆破压力为 37MPa，单层厚度为 0.2mm，铺层总层数为 12 层。本书选择铝合金内衬进行纤维缠绕，有限元分析结果如图 8.36 所示。

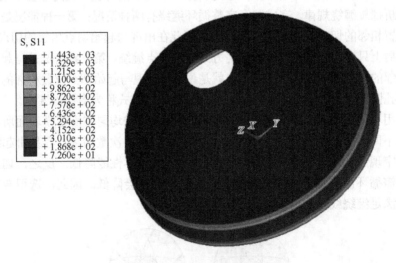

图 8.36　有限元分析结果

由应力分析可知，球形气瓶应力最大部位在沿轴线方向上直径最大部位，最大应力为 1443MPa。

8.5.4　球形气瓶缠绕实验

将碳纤维固定在张力控制柜的筒轴上，将球形内衬一端夹持在主轴的卡盘上，另一端用顶针顶住，并用酒精清洗芯模表面。为了避免实际缠绕中出现打滑和重叠现象，提高树脂和纤维利用率，在实际缠绕之前首先要进行线型的预试，使丝嘴运动一个来回，观察丝嘴的运动轨迹，查看丝嘴的缠绕起点与机床静坐标原点的距离是否合适，防止缠绕过程中丝嘴和机床发生碰撞。若丝嘴的运动轨迹与理想效果偏差较大，可通过调节缠绕起点的坐标以及悬纱长度，使丝嘴运动轨迹接近理想位置。

在线型轨迹调试完毕后，如图 8.37 所示，将碳纤维穿过浸胶槽的辊轮，然后穿过丝嘴绕在芯模上开始进行实际缠绕。

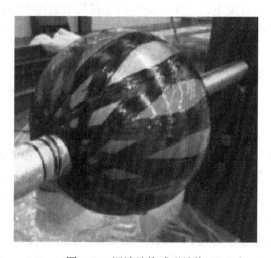

图 8.37　湿法缠绕球形缠绕

8.6　高速飞轮转子护套

飞轮转子可以改变传统风力发电的电能不稳定性和间断性的特点，其基本原理是通过飞轮转子的升速和降速来储存与释放电能，从而实现电能和机械能的转换。早期由于诸多技术的限制，储能飞轮转子通常采用铸钢、碳素钢、高强度钢及铝合金等金属材料制作，并且普通机械轴承的机械摩擦和风力损耗较为严重，导致飞轮储能技术发展缓慢。近年来，随着新型高强度纤维复合材料、低损耗真空技术、高速轴承技术、电子电路控制技术等相关科学技术的快速发展，复合材料飞轮储能系统得到广泛研究和工程应用。

8.6.1　飞轮转子的工作原理及构造

飞轮储能系统通过转子的升速和降速来实现电能与机械能的转换。飞轮储能系统的工作主要有以下三个阶段。

（1）充电蓄能（充电）：外界电能的输入经电力转换器（控制装置）调频调压和整流后驱动电机高速运行，电机的旋转带动飞轮转子高速运行，该过程将外界电能储存为飞轮系统的机械能，即实现电能到机械能的转换。

（2）能量保持：充电完成且无须放电时，飞轮系统运行过程有少量的能量损耗，故飞轮系统需要少量的外界电能输入来保证飞轮高速稳定运行。

（3）能量输出（放电）：当外界需要电能时，控制系统使飞轮转子减速，电力转换器和功率调节器将发电机产生的反电动势转换成适用于负载的电能。飞轮储能系统通常由飞轮转子（核心部件）、高速轴承、真空舱、电机/发电机、电力电子控制系统等组成。

其中，飞轮转子分为金属材料转子和复合材料转子两类。金属材料转子由合金直接机加工制成，复合材料飞轮转子由纤维（玻璃纤维、碳纤维等）增强树脂基复合材料和金属（铝合金、钛合金等）轮毂组成，轮毂用于连接轮缘和转轴并传递扭矩。飞轮转子的形状主要有空心圆盘、实心圆柱、多层圆柱、锥形圆盘、实心圆盘、薄壁圆环、等应力圆盘以及正交铺层圆柱等。由于纤维湿法缠绕成型工艺的复杂性，复合材料飞轮转子通常选用结构较为简单的圆柱和圆环形状。

研究飞轮储能技术的主要目的是提高储能系统的储能量和储能密度。飞轮系统的储能密度与转子转速的平方成正比，同时受转子的尺寸（内外径）和密度的影响，因此提高飞轮工作转速和增大转子的结构尺寸均可以增加储能密度。受使用条件的限制，飞轮转子的尺寸不能无限制增大，因此提高飞轮转速和选用合适的转子材料是增大储能密度的有效方法。飞轮转子的转速受转子材料的比强度限制，纤维增强树脂基复合材料因具有低密度、高比强度、高比刚度等特点而成为制备飞轮转子的首选材料。相比全金属材料飞轮转子，复合材料护套因具有较高的比强度和比刚度，能有效提高飞轮极限转速。碳纤维复合材料不导磁，故飞轮储能系统不产生高频涡流损耗，能有效改善储能系统的稳定性。目前复合材料飞轮转子制备有两种方法：一种是将纤维直接缠绕在金属轮毂上作为复合材料护套；另一种是将复合材料护套和金属轮毂机械过盈装配。直接缠绕工艺没有在轮毂和护套间产生过盈量，抵抗高速旋转离心力的能力有限，极大地降低了飞轮转子的极限转速。复合材料机械加工性差，加工及过盈装配对纤维损伤严重，极易使护套产生损伤、开裂、毛刺、崩块及分层等缺陷，并且尺寸精度难以保证，故机械加工和过盈压装工艺不适用于复合材料护套。

8.6.2　飞轮转子护套应变分析

复合材料轮缘内层选用密度大、刚度小的材料，外层选用密度小、刚度大的增强材料，并采用过盈装配技术或大张力缠绕成型技术使飞轮转子产生理想的预压应力，来抵消飞轮旋转时受到的径向拉应力，从而提高转子的极限转速和储能密度（惠鹏，2018）。飞轮转子模型的截面如图 8.38 所示。

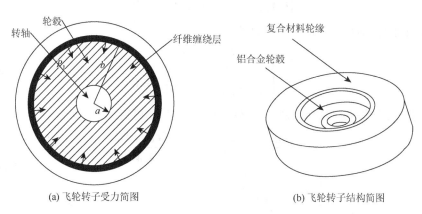

(a) 飞轮转子受力简图　　　　　　　　　　　　(b) 飞轮转子结构简图

图 8.38　飞轮转子模型的截面

柱坐标系下转子的平衡方程为

$$\frac{\mathrm{d}\sigma_r}{\mathrm{d}r}+\frac{\sigma_r-\sigma_\theta}{r}+\rho r\omega^2=0 \tag{8.40}$$

式中，σ_r、σ_θ 分别为径向应力和环向应力；ρ 为材料密度；ω 为旋转角速度。

8.6.3　转轴与轮毂应变分析

转轴和轮毂均为各向同性材料，柱坐标系下应力-应变关系为

$$\begin{bmatrix} \sigma_\theta^i \\ \sigma_z^i \\ \sigma_r^i \end{bmatrix}=\frac{E_i}{1-\mu_i^2}\begin{bmatrix} 1 & \mu_i & \mu_i \\ & 1 & \mu_i \\ \mathrm{sym} & & 1 \end{bmatrix}\begin{bmatrix} \varepsilon_\theta^i \\ \varepsilon_z^i \\ \varepsilon_r^i \end{bmatrix} \tag{8.41}$$

基于平面应力假设，不考虑轴向应变，环向应变和径向应变可用径向位移来表示：

$$\varepsilon_\theta^i=\frac{u_r^i}{r}, \quad \varepsilon_r^i=\frac{\mathrm{d}u_r^i}{\mathrm{d}r}, \quad \varepsilon_r^i=0 \tag{8.42}$$

联立式（8.39）、式（8.40）和式（8.41）可得转轴和轮毂的径向位移：

$$u_r^i = -\rho w^2 C^i r^3 + C_1^i r + C_2^i r^{-1} \tag{8.43}$$

式中，C_1^i 和 C_2^i 可由边界条件确定；C^i 由材料性能计算可得

$$C^i = (1 - \mu_i^2)/(8E_i) \tag{8.44}$$

转轴和轮毂的应变状态为

$$\begin{cases} \sigma_r^1\big|_{r=a} = \sigma_r^2\big|_{r=a}, \quad \sigma_r^2\big|_{r=a} = -P_1 \\ u_r^2\big|_{r=a} - u_r^1\big|_{r=a} = \delta, \quad u_r^1\big|_{r=0} = 0 \end{cases} \tag{8.45}$$

静止时转轴和轮毂的边界条件为

$$\begin{cases} \sigma_r^1\big|_{r=a} = \sigma_r^2\big|_{r=a}, \quad \sigma_r^2\big|_{r=a} = -P_1 \\ u_r^2\big|_{r=a} - u_r^1\big|_{r=a} = \delta, \quad u_r^1\big|_{r=0} = 0 \end{cases} \tag{8.46}$$

将边界条件式（8.45）及 $\omega = 0$ 代入式（8.44），可得

$$\begin{cases} C_1^2 = \dfrac{(\mu_2 - 1)M_2}{E_2 M_1}, \quad C_2^2 = \dfrac{ab^2(\mu_2 + 1)M_2}{E_2 M_1} \\ C_1^1 = \dfrac{(\mu_2 - 1)M_5}{a M_4}, \quad C_2^1 = 0 \end{cases} \tag{8.47}$$

$$\begin{cases} M_1 = E_1(a^2 + b^2) + (E_2 + E_1\mu_2 - E_2\mu_1)(b^2 - a^2) \\ M_2 = E_1 P_1 b^2 (1 + \mu_2) + E_2 P_1 b^2 (1 - \mu_2) - E_1 E_2 \delta \\ M_3 = P_1 a(1 - \mu_2)(E_1 - E_2) + E_1 E_2 \delta \\ M_4 = (E_1 + E_2\mu_1)(a^2 + b^2) + (E_2 + E_1\mu_2)(b^2 - a^2) \\ M_5 = 2P_1 ab^2 + E_2\delta(b^2 - a^2) \end{cases} \tag{8.48}$$

由弹性叠加原理可得轮毂任意处的应变为缠绕每一层对轮毂产生的应变之和，P_1 由缠绕层的应力情况确定：

$$\varepsilon_r^2 = -\sum_{i=1}^{n} \varepsilon_r^2(1, i) \tag{8.49}$$

8.6.4　复合材料缠绕层应力分析

复合材料轮缘为圆柱正交各向异性材料，柱坐标系下应力-应变关系为

$$\begin{bmatrix} \sigma_\theta \\ \sigma_z \\ \sigma_r \end{bmatrix} = \begin{bmatrix} Q_{11} & Q_{12} & Q_{13} \\ Q_{21} & Q_{22} & Q_{23} \\ Q_{31} & Q_{32} & Q_{33} \end{bmatrix} \begin{bmatrix} \varepsilon_\theta \\ \varepsilon_z \\ \varepsilon_r \end{bmatrix} \tag{8.50}$$

Q 为刚度矩阵，不考虑轴向应变，环向应变和径向应变可用径向位移来表示：

$$\varepsilon_\theta = \frac{u_r^i}{r}, \quad \varepsilon_r^i = \frac{\mathrm{d}u_r}{\mathrm{d}r}, \quad \varepsilon_z = 0 \tag{8.51}$$

因此，可得缠绕层位移及应力为

$$\begin{cases} u_r = -\rho\omega^2\gamma_0 r^3 + C_1^i r^k + C_2 r^{-k} \\ \sigma_r = -\rho\omega^2\gamma_1 r^2 + C_1\gamma_2 r^{k-1} + C_2\gamma_3 r^{-k-1} \end{cases} \tag{8.52}$$

缠绕过程中轮毂外表面与缠绕层内层紧密贴合，则接触面上的径向应力和位移连续，同时缠绕当前层受到缠绕张力 F_j（单位带宽上的张力）产生的径向压应力 P，缠绕层边界条件为

$$\sigma_r\,|_{r=b} = -P, \quad \sigma_r\,|_{r=ij} = -P_j, \quad u_r^2\,|_{r=b} = u_r\,|_{r=b} \tag{8.53}$$

可得到缠绕层系数 C_1、C_2 以及 P_1：

$$C_1 = \frac{P_j r^{k+1} - P_1 b^{k+1}}{\gamma_2 (b^{2k} - r_j^{2k})} \tag{8.54}$$

$$C_2 = \frac{P_j b^{k+1} r_j^{2k} - P_j b^{2k} r_j^{k+1}}{\gamma_3 (b^{2k} - r_j^{2k})} \tag{8.55}$$

$$P_1 = \frac{M_1 M_2 E_\theta (\gamma_3 - \gamma_2) - 2ab\delta E_\theta \gamma_2 \gamma_1 (b^{2k} - r_j^{2k})}{M_2 E_\theta (\gamma_3 b^{2k+1} - \gamma_2 b r_j^{2k}) + M_6 \gamma_2 \gamma_1 (b^{2k} - r_j^{2k})} \tag{8.56}$$

8.6.5　飞轮有限元分析

本节基于复合材料力学的角度分析单层复合材料结构模型，并采用解析方法对转子应力进行分析，主要采用解析方法分析缠绕张力、材料及材料厚度分配对飞轮转子的预应力的影响。

（1）根据实际工艺确定缠绕张力和单次预固化层数。采用 T700 碳纤维，单层厚度为 0.2mm，缠绕张力为 100N（恒张力缠绕），单次预固化层数为 25 层。

（2）通过纤维剩余张力解析解求得单次预固化层对芯模产生的总背压和纤维层平均环向应力。计算该预固化层在预固化完成后的剩余有效总背压和此时的平均环向应力。计算构件在电磁斥力作用下的径向位移。本案例要求哈弗环内腔表面在 5MN 电磁斥力（计算时等效为内腔表面均布内压 30MPa）作用下径向位移不超过 0.55mm。完全固化后整个构件的径向位移如图 8.39 所示。

由分析结果可知，当最终的缠绕构件在电磁斥力作用下时哈弗环内腔径向位移最大值为 0.549mm，能满足哈弗环内腔径向位移不超过 0.55mm 的设计要求。

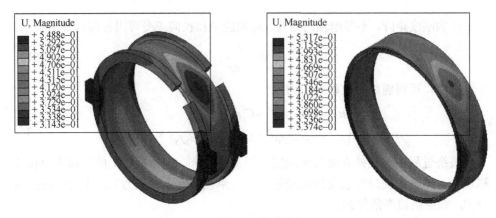

图 8.39　缠绕 25 层构件的径向位移

8.6.6　飞轮缠绕实验

大张力缠绕成型技术制备飞轮转子对工艺要求十分严格，若张力不稳定，不仅导致不同位置复合材料层含胶量不同，而且在缠绕时应力分布不均匀，这也是实验应变示数离散性较大的一个原因；复合材料缠绕的质量具有很强的工艺依赖性，如纤维方向、排布、浸润效果、固化工艺等，工艺生产过程与理想设计之间的差异往往导致最终制件未能达到设计要求。因此，成型工艺控制水平的高低也间接决定了测试值与设计值之间的误差。采用 180N 缠绕张力缠绕 T700 碳纤维，缠绕结果如图 8.40 所示。

图 8.40　飞轮转子缠绕实验

第9章 复合材料压力容器监测及测试方法

9.1 复合材料压力容器质量检测

9.1.1 外观检测

1. 厚度测量

由于复合材料压力容器的内衬不是承力的主体,内衬的厚度更多的是取决于疲劳寿命要求、腐蚀要求和刚度要求。内衬厚度和内衬厚度变化率是影响内衬循环疲劳寿命的主要因素(于斌等,2011)。对需要高循环寿命的应用场合,压力容器采用如不锈钢、钛合金、镍基合金等较高屈服强度的材料,保证内衬应变在工作时处于弹性范围。对低循环寿命的应用场合,压力容器采用纯钛或铝合金超薄内衬。内衬厚度还要考虑可生产性、加工公差、交通运输等问题(王荣国等,2009)。

采用超声测厚仪测量壁厚,如图 9.1 所示;采用专用的或标准的量具、样板检查制造公差。

图 9.1　超声测厚仪

铝内衬的壁厚和制造公差应符合以下要求:

(1)壁厚应不小于最小设计壁厚;

(2)筒体的外直径平均值和公称外直径的偏差不应超过公称外直径的 1%;

(3)在筒体同一截面上,最大外直径与最小外直径之差不应超过公称外直径的 2%;

(4)筒体直线度应不超过筒体长度的 3%(全国气瓶标准化技术委员会,2017)。

2. 表面质量检测

目视检查复合材料压力容器的内腔及缠绕层表面质量，从中不仅可以看出在固化成型后内衬在复合材料固化收缩产生的压应力作用下是否出现屈曲失稳的现象，还可以看出复合材料层是否会因小分子的挥发而有气泡产生以及是否存在明显的缺胶等现象。

铝内衬的外表面通过目测检查，内表面用内窥镜（图 9.2）或内窥灯进行检查。

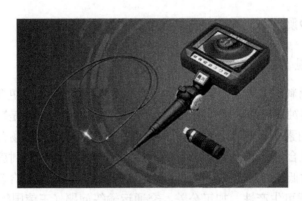

图 9.2　便捷式内窥镜

铝内衬内、外表面应符合以下要求：

（1）内、外表面无肉眼可见的表面凸起、裂纹、重叠、压痕和夹杂，端部、颈部过渡部分无明显皱折或突变；

（2）筒体与端部应圆滑过渡；

（3）若通过机械修磨或机加工去除表面缺陷的方法，缺陷去除部位应过渡圆滑，且壁厚不小于最小的设计壁厚（全国气瓶标准化技术委员会，2017）。

目测检查缠绕层外表面。缠绕层外表面应符合以下要求：不得有树脂积瘤、纤维断裂、纤维裸露、分层及纤维未浸透等缺陷。

3. 外形尺寸检测

外形尺寸检测的主要目的是检测复合材料压力容器成型后的最终尺寸是否与设计尺寸一致。外形尺寸的检验主要用精度为 0.1mm、量程为 1000mm 的外径千分尺测量，圆柱段与连接裙段各取一点，每点沿着 0° 与 180° 和 90° 与 270° 方向各测量三次取平均值。

4. 气密性检测

全复合材料压力容器是特殊的结构组合，其在使用一段时间后，塑料内衬和复合材料层会部分分离,这种分离并不影响使用,也不会对容器产生任何不良影响,这就使得压力容器的气密性实验非常难于判断。按照传统的钢质压力容器的检验方法显然不能适用于全复合材料压力容器,因为部分压力容器在按传统的气密检测过程中会有部分气泡产生,但实际上这种气泡是压力容器复合材料增强层和塑料内衬夹层之间的空气。如果给压力容器充上天然气等介质,仍然会有少量空气气泡,这正是复合材料压力容器的特点。所以,在容器的定期气密检验项目中,应该用气体检漏仪对容器进行介质泄漏检验,肥皂液的涂液检测方法可以作为辅助的检测项目,不能用于判定容器是否漏气。

氦气具有较强的穿透能力,通常用来检测复合材料压力容器的渗漏性能。复合材料压力容器渗漏检测一般采用整体检测法:将复合材料压力容器放入整体检漏箱内,然后向容器内部充入氦气至压力升高到工作压力,保压后,用氦气检漏仪检测箱内氦气的浓度,记录箱体的总漏率值。

5. 容积检验

容积检验是标定复合材料压力容器容积是否与设计一致。复合材料压力容器的容积一般采用常温注水称重法测量,即常压下称量干重和注水重量之差,通过称量注入的水的重量测定容积,采用 4~10℃水充装,在注水前称好干重,充水后将表面水滴去净后称总重,总重减去干重即容积数(单位:L),水温对容积造成的影响可以忽略不计。

9.1.2　实时在线监测技术

光纤监测技术具有动态、实时、在线的特点,目前已被广泛地应用于建筑物、桥梁、航空航天领域各种结构的监测中,以测量结构的应变和温度变化。美国洛马航空公司早在 1998 年就提出了分布式监测的概念,在 X-3 飞行器的复合材料低温储箱上采用了光纤光栅传感网络。因此,对制备出的复合材料压力容器可根据光纤技术特点,进行应变的测量评价。

为实现全方位监测、不漏检,根据光纤传感器的特点可选用光纤光栅传感器和 DiTeSt SMARTape Ⅱ 应变传感器(图 9.3)来监测复合材料压力容器的应变。这是因为光纤光栅传感器主要用于点的应变监测,且只能监测长度为 10~20mm 内的变化,所以需要在复合材料压力容器表面上布置很多监测点,筒身段较长,采用光纤光栅传感器不是理想的选择;而 DiTeSt SMARTape Ⅱ 应变传感器测量的应变是一个长距离的平均值,不适合应变梯度变化较大的结构,如封头区域。因此,在封头区域宜布置光纤光栅传感器,应变梯度变化较小的筒身段可布置 DiTeSt SMARTape Ⅱ 应变传感器。另外,光纤光栅传感器的灵敏度还受解调仪分辨率的影响。

图 9.3　DiTeSt SMARTape II 应变传感器

9.1.3　无损检测技术

在航空领域，安全寿命设计理论已经逐步被损伤容限理论替代，导致复合材料压力容器失效或事故的主要原因是复合材料压力容器在制造和使用过程中产生的缺陷与损伤，因此用无损检测方法来评估复合材料压力容器的损伤状态与损伤发展规律，对鉴定压力容器的失效与评价压力容器的服役性能具有重要作用。下面是几种常用的用于复合材料压力容器的无损检测技术（郑传祥，2006）。

1. 超声波检测技术

超声波检测技术是用换能器向被检构件发射超声波，通过超声波对材料内部缺陷区域和正常区域的衰减、共振与反射不同的原理，来确定材料内部缺陷的尺寸和位置，无损检测人员可根据超声仪显示出来的损伤信息，结合材料特点与实际检测经验来判断缺陷的类型。超声波是复合材料无损检测应用最广泛的技术之一（郑传祥，2006）。

超声波检测技术按原理可分为穿透法、脉冲反射法和共振法；按显示方式可分为 A 扫描、B 扫描和 C 扫描，如图 9.4 所示。A 扫描只对一个点进行分析，不做平面分析；B 扫描显示每个界面垂直方向的截面图；C 扫描是在一个界面对焦后显示界面平行方向的平面图（于光等，2012）。

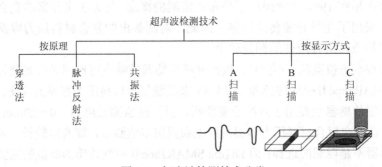

图 9.4　超声波检测技术分类

常用的超声波检测技术有反射法 A 扫描、穿透法 C 扫描等。穿透法 C 扫描：

显示工件整体平面图，可确定缺陷位置，但无法检测深度信息，如图 9.5 所示；反射法 A 扫描：显示工件各点波形图，可确定缺陷深度信息，且判别出缺陷性质。综合穿透法 C 扫描和反射法 A 扫描进行检测才能达到较好的检测效果。首先，用穿透法 C 扫描对整个制件进行检测，得出缺陷在平面上的位置；然后，针对缺陷位置利用反射法 A 扫描对各个缺陷进行单独检测，确定缺陷的深度位置，并通过对缺陷反射波的分析最终判定出缺陷的性质。

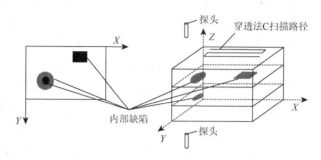

图 9.5　穿透法 C 扫描示意图

超声波检测技术能检测出复合材料结构或构件中的裂纹、孔隙、分层、界面脱黏等缺陷。其优点是操作简单且检测灵敏度高，可准确定位缺陷及其分布。其缺点是：①检测过程中需要使用耦合剂，检测效率低下；②对类型不同的缺陷，需采用不同规格的探头；③要求检测人员的专业水平较高与经验积累较丰富。

超声波检测的传统方法是接触式的，即必须使用水或其他液体作为超声探头与待测样品之间的声耦合介质。为了有效且方便地检测复合材料成分，许多学者正在研究非接触空气耦合式超声检测技术。

2. 声发射技术

声发射技术通过参数分析法与波形分析法来获取材料的损伤特征。声发射技术利用耦合在材料表面上的压电陶瓷探头采集材料内部的声发射信号。通过分析声发射信号，可获得材料内部的缺陷情况。如果采用多通道声发射检测系统，则可以通过确定声发射源，来找到缺陷的具体部位。

声发射技术主要用于检测压力容器中的活性缺陷。在容器的加载过程中，利用少量固定不动的换能器，获得活性缺陷的动态信息。活性缺陷（即声发射源的位置）无须对整个构件进行扫描，便可通过区域定位、时差定位及次序冲击等方法来确定。声发射技术探测到的能量来自测试物体的本身，可提供结构随外部变量（温度、荷载等）连续变化的损伤信号，适用于破坏预测与在线监测。其优点有：①检测灵敏度高；②不受被检构件几何形状的限制，适用于检测形状复杂的构件；③检测不受环境的影响，可在恶劣与危险环境下进行检测，适用范围广。声发射技术的局限是结构必须承载，对缺陷定位的精度有限。将声发射技术和数据分析结合起来，实现缺陷的精确定位、检测设备全数字化和低噪声，是声发射技术进一步发展的方向。

3. 声-超声检测技术

声-超声（acoustic ultrasonic，AU）检测技术又称应力波因子（stress wave factor，SWF）技术。声-超声是超声波与声发射技术相结合的无损检测技术。对复合材料与金属材料间的界面缺陷，声-超声 C 扫描技术可实现有效地检测，且克服了超声透射技术传感器可达性差、超声反射技术信号清晰度不高的缺点。

声-超声检测技术可应用于复合材料制成的非金属压力容器的裂纹及接头的结合质量检测。在声-超声检测技术中，在被检非金属压力容器表面用一个宽带传感器发送一系列可重复的超声脉冲波，容器同一侧离发射传感器的给定距离处安装另一传感器，以接收由发射超声脉冲所形成的沿着容器壁传播的应力波。对胶黏及多层复合材料压力容器，应力波在容器材料的边界表面上经历了多次反射，并与占有显著比率的胶接层相互作用，因此包含有关结构的微结构和组织特性的信息。声-超声检测结果会受到传感器的压紧力、传感器布置方式、发送与接收装置的设置与性能等有关因素的影响。

声-超声检测技术与声发射技术不同，它主要用于检测复合材料构件中的细微缺陷群，不关心声源的位置和特征。声-超声检测技术可提供复合材料宏观不连续与结构不连续的多种信息，如分层、孔隙、界面脱黏以及胶接结构脱黏、孔隙等，能指示胶接结构和复合材料的极限强度与整体状况，适用于复合材料的完整性评估。声-超声检测技术的局限在于它对单个、分散缺陷不敏感（郑传祥，2006）。

4. 微波检测技术

20 世纪 60 年代，美国在对大型导弹固体发动机玻璃钢壳体的检测中采用了微波检测技术进行缺陷检测。经过几十年的研究和发展，我国的微波检测技术已朝着数字化、小型化、从厘米波向毫米波与亚毫米波的方向发展。

微波检测技术可有效检测复合材料构件中的缺陷，如孔隙、裂纹、分层和界面脱黏等，并且操作简单，可自动显示检测结果，局限在于对较小缺陷的检测灵敏度低。

5. 涡流检测技术

涡流检测技术是基于电磁感应原理揭示导电材料表面和近表面缺陷的无损检测方法。对于多层复合材料缠绕铝内衬高压容器，可以通过基于量子干涉涡流的无损检测技术来进行无损检测。

涡流检测技术不仅可检测出碳纤维增强复合材料中碳纤维的含量，还可检测出界面脱黏、分层等缺陷，可用于检测复合材料与金属黏结结构中金属材料的翘曲变形，但涡流检测技术的局限在于只适用于导电的复合材料，并且需要标准试件对照。

6. 射线检测技术

计算机断层扫描（computed tomography，CT）法起源于 X 射线照相技术，通过使用射线穿过被射物体的某一个断面，得到该断面的图像，对每个断面的观察可获得该物体的性能和结构方面的大量信息，从而达到检测缺陷的目的。工业 CT 作为一种先进的无损检测手段，自 20 世纪 80 年代以来取得了迅速发展和广泛应用。

将工业 CT 技术应用于固体火箭发动机的质量检测，结果表明工业 CT 技术对固体火箭发动机的绝热层和药柱中的气孔、夹杂、裂纹及脱黏等常见缺陷具有很高的检测灵敏度，并能准确测定其尺寸和部位。工业 CT 技术可用于固体火箭发动机多界面的质量检测，检测结果直观可靠，其缺点是：设备庞大，不适合用于大型构件的现场检测；双侧透射成像且射线对人体有伤害；成本高，效率低。

7. 光学检测方法

1）数字散斑方法

数字散斑方法（digital speckle correlation method，DSCM）是由 WH-Peters 等在 20 世纪 80 年代初提出的，是一种用于测量物体面内位移的非接触光学测量方法。与传统的干涉测量方法相比，数字散斑方法直接从物体表面随机分布的人工或自然散斑场中提取变形信息，具有非接触、全场测量等优点，其光路简单，对测量环境要求低，因此在实际工程测量中有着广泛的应用和很好的发展前景。

散斑技术是基于激光的全场测试表面变形的技术，它不需要像全息技术那样的隔振装置，因此可应用于现场测试。散斑技术通过将异常的变形转换成不规则的条纹图案以此鉴别出现的缺陷，虽然是通过测试表面变形的方法来实现检测，但它却可以达到同时探测表面与内部缺陷的目的，其原因是除了远离表面的内部缺陷，其他缺陷也会影响表面变形。

尽管数字散斑方法是测试表面变形的方法，但它可以检测表面和内部缺陷。其原因是除了内部缺陷远离表面之外，其他缺陷也会影响表面变形。

数字散斑方法可直观有效地检测到复合材料压力容器在内压作用下的损伤、变形位置与损伤状态。采用数字散斑方法可探测构件工作时在应力作用下的临界裂纹，可忽略虚假的裂纹。数字散斑方法可以快速探测到复合材料试样某部分的裂纹，并可以提供临界裂纹的方向。数字散斑方法是检测复合材料结构分层与疲劳损伤的有效方法。数字散斑方法的缺点在于不仅需要对检测对象施加应力，还需要避免测试物体的刚体运动，过大的刚体运动将使得变形后散斑图与未变形散斑图失去关联性。数字散斑方法已得到复合材料结构的无损检测行业的认可（郑传祥，2006）。

2）红外热波检测技术

红外热波检测技术（图9.6）通过外部热源对被检试样进行加热，利用被检材料内部热学性质的差异在试样表面局部区域产生温度梯度，进而产生表面红外辐射能力的差异，再借助红外热像仪探测被检试件的辐射分布，通过分析热图来推断内部的缺陷情况（李艳红等，2005）。

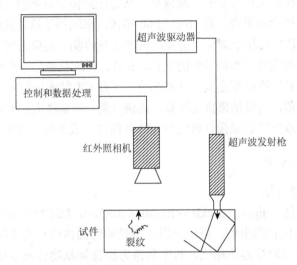

图 9.6 超声激励红外热波检测技术原理

红外热波检测技术尤其适合用于检测金属与复合材料薄板黏结结构中的界面脱黏类缺陷，能够准确地检测出复合材料中分层的厚度。红外热波检测技术适用于各种压力容器、承载装置表面及表面下疲劳裂纹的检测，可用于各个领域，小到薄膜、纤维，大到航天飞机，不同材料、不同结构和检测环境的各类检测和探伤问题都有应用（王小永和钱华，2006）。

9.2 复合材料压力容器水压实验

9.2.1 内压实验

复合材料压力容器结构实验的目的是检验容器的承载能力、整体刚度、密封性及变形等，并为设计提供合适的参数。压力容器的内压实验形式有很多，例如，按照所填充介质的不同，可分为气压实验和水压实验两类；按照实验环境的不同可分为室温压力实验和环境压力实验（包括湿、热、低温等实验环境）；按照实验压力不同可分为工作压力实验和爆破压力实验；按照充压时间不同可分为瞬时压力实验和长期静疲劳实验；按照充压次数不同又可分为静压力实验和循环压力实验（疲劳实验）等。

其中，复合材料压力容器的水压实验（图9.7）是行业内公认的权威检测复合材料压力容器承载能力和变形性能的最基本、最关键的实验之一。

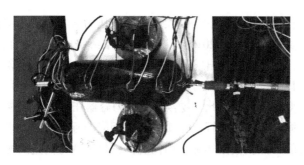

图9.7 复合材料压力容器的水压实验

水压实验的主要目的是检查压力容器制造过程中是否存在缺陷和确定缺陷的严重程度，并对压力容器的安全承载能力进行验证（杨博等，2019）。除SAEJ2579和GTR外，其他标准规定的水压实验压力均为1.5倍公称压力。CGH2R-12b、JIGA-T-S和ISO/DIS15869规定实验压力下的最小保压时间为30s，《气瓶水压试验方法》（GB/T 9251—2011）规定实验压力下的保压时间应在1min以上。SAEJ2579和GTR中没有提到水压实验的概念，但规定在耐久性验证实验和预期使用性能验证实验中需进行耐压实验和剩余压力实验，实验压力分别为1.5倍公称压力和1.8倍公称压力。规定耐压实验和剩余压力实验的保压时间均为30s，GTR规定耐压实验和剩余压力实验的保压时间分别不小于30s和4min。各标准对于水压实验的要求见表9.1。对于升压速率，虽然SAEJ2579和GTR中没有提出明确的规定，但是要求增压过程平稳且连续。我国标准要求水压实验应按照GB/T 9251—2011的规定进行，要求升压速率以MPa/s计量，其数值应不大于气瓶水压实验压力的3%。CGH2R-12b、JIGA-T-S和ISO/DIS15869对于升压速率没有提出明确要求。

表9.1 水压/耐压实验比较

标准	实验压力/MPa	最小保压时间/s	升压速率/(MPa/s)
CGH2R-12b	$1.5P_w$	30	—
JIGA-T-S	$1.5P_w$	30	—

续表

标准	实验压力/MPa	最小保压时间/s	升压速率/(MPa/s)
ISO/DIS15869	$1.5P_w$	30	—
SAEJ2579	$1.5P_w$ 或 $1.8P_w$	30	平稳连续
GTR	$1.5P_w$，$1.8P_w$	30，240	平稳连续
GB/T 9251—2011	$1.5P_w$	—	$\leq 0.03P_w$

注：P_w 为公称压力

　　轻量化复合材料压力容器的压力实验与金属压力容器的压力实验相比，有其自身的特殊性（鲁文可和肖健，2019）。首先，纤维缠绕成型的复合材料压力容器在进行内压实验时，通常树脂会出现开裂的现象，实验后的压力容器表面会出现沿纤维方向的裂纹；其次，金属容器的模量较复合材料压力容器低，所以在承受相同的应力水平时体积变形率大。因此，复合材料压力容器在内压实验时，判断合格与否的依据也不尽相同，产品在进行内压实验时有相应的标准，要严格按照标准进行，对没有检验标准的产品要根据实际使用情况，依供需双方商定的协议进行。

9.2.2　疲劳实验

　　有些复合材料压力容器需要反复使用，这样对它们的疲劳性能提出了要求，对这种压力容器必须进行强度或刚度的疲劳实验。

　　复合材料压力容器的疲劳实验根据载荷条件有静疲劳和动疲劳，根据环境条件有湿热疲劳和湿度疲劳等。①复合材料压力容器的静疲劳实验指的是将容器长期（在规定的年限内）保持一定内压力，检测其渗漏及破坏强度。这种复合材料压力容器一般在长期恒压的工况下应用。②动疲劳实验指的是在低于静态破坏载荷强度下，对容器施加交变载荷，达到规定次数后检测其渗漏及破坏强度。对应用环境有特殊要求的复合材料压力容器，还应在规定的条件下（如湿热环境）进行动疲劳实验。动疲劳的交变载荷变化形式基本上可以分为三种，即非正弦波载荷、重叠波载荷和程序波载荷等。循环压力的加载一般由程序控制液压疲劳实验机来完成；对于有环境要求的疲劳实验，还应配备相应的设备如湿热实验箱等。③湿热疲劳与湿度疲劳指的是将复合材料压力容器放置在交变的湿热环境中进行环境疲劳，然后检测其气密性及爆破压力。因此，对于环境疲劳实验，还需配备一定的设备来满足实验条件。

　　复合材料压力容器一般应用在工业及航天航空领域，如 CNG 气瓶、柱形气瓶、球形气瓶、环形气瓶等。其压力变化的次数很少超过 10 万次，属于低循环疲劳范围。另外，对疲劳载荷的选取也应根据工况来确定。通常情况下，产品在进行疲劳实验之前应详细规定疲劳实验的环境（如温度、湿度）、实验载荷、实验次数、实验频率等，有些容器还要在疲劳之后检测其爆破压力，并与未经过疲劳实验容器的爆破压力进行对比，检测强度的损失情况。

实验介质应为非腐蚀性液体，在常温条件下按《气瓶压力循环试验方法》（GB/T 9252—2017）规定的实验方法进行常温压力循环实验，同时满足以下要求。

1. 常温压力循环实验

（1）实验前，在规定的环境温度和相对湿度条件下，气瓶温度应达到稳定；实验过程中，监测环境、液体和气瓶表面的温度并维持在规定值（全国气瓶标准化技术委员会，2017）。

（2）循环压力下限应为（2 ± 1）MPa，上限应不低于 $1.25P_w$。

（3）压力循环频率应不超过 6 次/min。

2. 高温压力循环实验

（1）将零压力下的气瓶置于温度不低于 85℃、相对湿度不低于 95%的环境中 48h。

（2）在此环境中按 GB/T 9252—2017 的规定进行压力循环实验。其中，循环压力下限应为（2 ± 1）MPa，循环压力上限应不低于 $1.25P_w$，压力循环频率应不超过 6 次/min，压力循环次数为 4000 次。

（3）实验过程中应保证气瓶表面与实验介质温度均达到规定值（全国气瓶标准化技术委员会，2017）。

3. 低温压力循环实验

（1）将零压力的气瓶置于温度不高于−40℃环境中直至纤维缠绕层外表面温度不高于−40℃。

（2）在此环境中按 GB/T 9252—2017 的规定进行压力循环实验。其中，循环压力下限应为（2 ± 1）MPa，循环压力上限应不低于 $0.8P_w$，压力循环频率应不超过 6 次/min，压力循环次数为 4000 次。

（3）实验过程中应保证气瓶表面与实验介质温度均达到规定值（全国气瓶标准化技术委员会，2017）。

合格指标：在设计循环次数 N 内，气瓶不得发生泄漏或破裂，之后继续循环至22000 次或至泄漏发生，气瓶不得发生破裂（全国气瓶标准化技术委员会，2017）。

9.2.3 爆破实验

爆破实验（图 9.8）的目的是考核材料的力学性能，检查复合材料压力容器的各项力学性能，包括结构设计的合理性、可靠性以及实际安全裕度的大小等。因此，在实验中需要：①测定实验容器在整个爆破过程中的"压力-膨胀量"关系曲线；②测定实验容器爆破压力。在容器爆破断裂口完好的情况下，根据测定的数据、实验现象，对断口形貌进行分析，对爆破实验的结果做出评定。

图 9.8　复合材料压力容器的爆破实验

按《气瓶水压爆破试验方法》（GB/T 15385—2011）规定的实验方法在常温条件下进行水压爆破实验，同时满足以下要求：

（1）实验介质应为非腐蚀性液体。

（2）当实验压力大于 $1.5P_w$ 时（P_w 为公称压力），升压速率应小于 1.4MPa/s。若升压速率小于或者等于 0.35MPa/s，加压直至爆破；若升压速率大于 0.35MPa/s 且小于 1.4MPa/s，如果气瓶处于压力源和测压装置之间，则加压直至爆破，否则应在达到最小爆破压力后保压至少 5s 后，继续加压直至爆破。

合格标准：爆破起始位置应在气瓶筒体部位。对于 A 类气瓶，实测爆破压力应大于或等于 P_{0min}（P_{0min} 为最小爆破压力）；对于 B 类气瓶，实测爆破压力应在 0.9～$1.1P_w$，且大于或者等于 P_{0min}。气瓶爆破压力期望值 P_0 应由制造单位提供数值及依据（含实测值及其统计分析）（全国气瓶标准化技术委员会，2012）。

9.2.4　压力实验监测手段

1. 位移测量

随着复合材料压力容器的广泛应用，对其性能指标的要求也不断变化。在进行复合材料压力容器内压实验时，除了对应变进行测量，还要对压力容器的某些部位进行位移测量。位移测量能够较真实地反映出容器的宏观变形规律，位移是反映复合材料压力容器整体性能的一个关键指标。

测量位移所用的仪表有位移千分表和位移传感器两种。位移千分表可直接读出所测点的位移值；位移传感器可通过应变仪读出其位移值。

1）千分表

对于变形不大且可观察的位移测点可选用千分表（图 9.9）来测量。千分表测量的优点是直观、简便，不需要其他辅助设备；缺点是无法用机器采集原始数据，只能靠人来读数，这样容易产生人为误差。

图 9.9　千分表

2）位移传感器

位移传感器是利用电阻应变原理制成的，通过电桥将被测的位移数据转变成电信号，然后通过专用仪器读出位移值。常用的位移传感器的量程有 20mm 和 50mm 两种。20mm 的精度为 0.01，50mm 的精度为 0.025。位移传感器的优点是测量位移值可以通过仪器进行记录，避免了人为原因造成的影响。

2. 压力测量

在复合材料压力容器的压力实验过程中，力的测量是至关重要的。力的测量系统不可靠，常常导致实验失败乃至对制品造成损伤。因此，为了更准确地进行结构实验，对力的测量仪器及系统必须有初步的认识。通常在进行结构实验前，必须对压力传感器及显示系统进行标定，以确保实验正常进行。

1）力传感器

利用力传感器可测量结构实验中所施加载荷及传递载荷的大小，按工作原理可分为电容式、应变式、差动变压器式、电阻式等几大类。

（1）传感器的静态特征。它的功能是可将被测的物理量变换成便于远距离传送且能为显示装置、记录设备、数据处理机构、计算机等所感受和分辨的另一物理量（传感器的输出量），并在输出量与输入量之间建立对应关系。传感器的性能是一些从传感器各个侧面综合论述传感器工作情况、工作能力或工作特征的参数。例如，反映传感器工作范围的参数有测量上下限、测量范围量程等；反映工作条件或工作环境的参数有使用温度、供电电压、额定电流等；反映基本误差的参数有重复性、迟滞性、非线性度、准确度；反映误差的参数有热零点偏移、热灵敏度偏移等。只有掌握传感器的这些特征，合理选择使用传感器，才能使测量值更接近真实值。

（2）传感器的动态特征。在实际测量过程中，被测值往往是随时间变化的函数，也就是说，被测值时刻在变化。测量这样的动态输出响应，必须选用动态传感器。在动态测量下，常以传递函数来描述传感器的特征，即动态特征，如测量制品的固有频率、阻尼、阻尼比等机械振动。

2）压力表

压力表是用来测量液体压力的常用仪表，按精度不同可分为常用压力表和精密压力表。一般压力表的准确度等级分为 1 级、1.5 级、2.5 级和 4 级；精密压力表的准确度等级分为 0.25 级、0.4 级和 0.6 级，它可以作为检定一般压力表的标准器。精密压力表与一般压力表均属管式压力表（全国工业过程测量控制和自动化标准化技术委员会，2017）。

压力表通过表内的敏感元件——波登管的弹性形变，经由表内机芯的转换机构将波登管的弹性形变转换为旋转运动，引起指针偏转来显示压力。弹簧管分为 C 形管、盘簧管、螺旋管等形式。一般采用冷作硬化型材料（常用材料是铜合金），在退火状态下具有很高的可塑性，经冷作加工硬化及定性处理后获得很高的弹性和强度。C 形波登管敏感元件截面显椭圆形，测量介质的压力作用在波登管的内侧，这样波登管椭圆截面会趋于圆形截面。波登管微小变形，会形成一定的环应力，此环应力会使波登管向外延伸。由于弹性波登管头部没有固定，所以其就会产生小变形。

3. 应变测量

在内部压力测试过程中，对复合材料压力容器进行变形测量以获得有效的应变数据，为结构优化设计提供指导。应变测量是对受力的构件应变分布进行实际测量。最常用的测量应变的方法是电测应变分析法。其原理是将应变传感器（电阻应变片）粘贴在构件表面被测点上，通过电阻应变片的变形，将构件表面的应变转换为电信号，然后由电子放大器进行放大，放大后的电信号输入电阻应变仪内处理成应变值，如图 9.10 所示。在复合材料压力容器制品结构实验中采用电测应变分析进行应变测量。

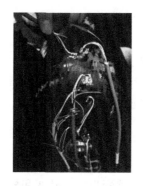

图 9.10 带有应变片的纤维缠绕压力容器

电阻应变片的原理是应变效应,即因金属导体机械变形而导致其电阻发生变化的现象。电阻应变片的种类很多,按敏感栅材料不同,可分为金属栅应变片和半导体应变片,金属栅应变片又分为金属箔电阻应变片和金属丝电阻应变片;按敏感栅的数目、形状和配置分为单轴电阻片、应变花、特殊型应变花和双层电阻片;按基底不同又分为纸基和胶基两种。在复合材料压力容器的压力检验中最常用的是纸基丝式电阻片。

电阻应变片的工作特性如下。

1)机械应变极限

电阻应变片的机械应变极限是指电阻应变片所能测量的最大应变值。其值大小取决于电阻片的强度、线性段的大小以及基底和黏结剂材料的性质,复合材料压力容器的断裂延伸率在 25000～30000,测量宜选量程范围较大的应变片,使用前必须进行标定。

2)线性特性

通常情况下,电阻应变片的电阻变化率与应变之间呈线性关系。

3)零点漂移

零点漂移(赵明,2008)是指在恒温恒湿的环境中且试件不受力的条件下,粘贴在试件上的电阻应变片的应变值随时间变化的特性。产生零点漂移的主要原因是电阻应变片受潮使绝缘电阻降低,通电后驱散潮气,造成基底收缩和电阻值改变,从而出现可视应变值。另外,可视应变值也可能是由敏感栅与引线产生热电势而引起的。

4)灵敏系数 K_p

电阻应变片贴在单向受力构件上,其主轴线沿构件最大主应力方向。因构件受力而引起的电阻应变片的电阻变化率 $\Delta R/R$ 与构件最大主应变之比,称为电阻应变片的灵敏系数 K_p,为

$$K_p = \frac{\Delta R / R}{\varepsilon} \tag{9.1}$$

5) 电阻应变片的横向灵敏度 H

取同一批电阻应变片，分别用基长和基宽测同一单向应变，后者与前者的应变读数之比，即电阻应变片的横向灵敏度，为

$$H = \frac{\Delta R_B / R}{\Delta R_L / R} \tag{9.2}$$

6) 其他特性

电阻应变片还有如机械滞后、频变响应、蠕变和松弛等一些其他特性。

参 考 文 献

蔡金刚，于柏峰，杨志忠，等，2014. 我国纤维缠绕技术及产业发展历程与现状[J]. 玻璃钢/复合材料，（9）：42-51，18.

陈旦，2019. 碳纤维缠绕IV型复合材料压力容器的结构设计与研制[D]. 武汉：武汉理工大学.

陈刚，赵珂，肖志红，2004. 固体火箭发动机壳体复合材料发展研究[J]. 航天制造技术，（3）：18-22.

陈静，2005. 纤维缠绕机计算机控制系统的设计及实现[D]. 天津：天津工业大学.

陈烈民，杨宝宁，2006. 复合材料的力学分析[M]. 北京：中国科学技术出版社.

陈汝训，2006. 纤维缠绕圆环压力容器设计分析[J]. 固体火箭技术，29（6）：446-450.

陈希，郑津洋，缪存坚，等，2015. 应变强化后容器的外压屈曲分析[J]. 压力容器，32（8）：14-20，6.

陈振国，矫维成，闫美玲，等，2018. 碳纤维增强树脂基复合材料低温贮箱抗渗漏性研究进展[J]. 玻璃钢/复合材料，（11）：109-116.

程硕，2020. 纤维缠绕铝合金内衬压力容器结构设计与强度分析[D]. 合肥：合肥工业大学.

丛子添，战持育，2016-11-09. 一种超强超韧复合材料杆体及其制造方法：CN201610586017.9[P].

崔红，王晓洁，闫联生，2016. 固体火箭发动机复合材料与工艺[M]. 西安：西北工业大学出版社.

董雪琴，刘士华，2002. 用CADFIL仿真复杂构件的纤维缠绕[J]. 玻璃钢/复合材料，（4）：19-21.

樊志远，2018. 碳纤维增强复合材料层合板力学性能预测及分析[D]. 大连：大连理工大学.

方东红，胡广鹏，石刘顺，等，2005. 铝合金内衬复合材料高压气瓶的研制[C]. 第十六届玻璃钢/复合材料学术年会，黄山.

富宏亚，黄开榜，朱方群，等，1996. 非测地线稳定缠绕的边界条件及稳定方程[J]. 哈尔滨工业大学学报，28（2）：125-129.

高峰，杨宝宁，马海全，等，2009. 航天器复合材料结构的渐进损伤分析[J]. 航天器工程，18（5）：42-47.

郭凯特，王春，文立华，等，2019. 不等开口纤维增强树脂复合材料缠绕壳体非测地线线型设计[J]. 复合材料学报，36（5）：1189-1199.

郭凯特，文立华，校金友，等，2020. 多角度纤维缠绕复合材料圆筒张力设计[J]. 固体火箭技术，43（4）：458-467.

郭英涛，任文敏，2004. 关于限制失稳的研究进展[J]. 力学进展，34（1）：41-52.

虢忠仁，杜文泽，王树伦，等，2009. 芳纶纤维抗弹复合材料研究进展[J]. 工程塑料应用，37（1）：75-78.

韩振宇，富宏亚，付云忠，等，2004. 凹回转曲面纤维缠绕架空分析及应用[J]. 推进技术，25（3）：286-288.

何亚飞，矫维成，杨帆，等，2011. 树脂基复合材料成型工艺的发展[J]. 纤维复合材料，28（2）：

7-13.

赫晓东，王荣国，矫维成，等，2015. 先进复合材料压力容器[M]. 北京：科学出版社.

黄毓圣，1983. 纤维缠绕理论几个问题的探讨[J]. 玻璃钢，（5）：32-35.

惠鹏，2018. 大张力缠绕碳纤维复合材料飞轮转子结构设计研究[D]. 武汉：武汉理工大学.

惠鹏，祖磊，李书欣，等，2018. 大张力缠绕碳纤维复合材料高速飞轮转子研究[J]. 玻璃钢/复合材料，（3）：5-12.

蒋咏秋，1990. 复合材料力学[M]. 西安：西安交通大学出版社.

矫维成，王荣国，刘文博，等，2010. 纤维缠绕复合材料压力容器封头厚度预测[J]. 复合材料学报，27（5）：116-121.

景映东，2016. 缺陷内衬屈曲性能研究[D]. 北京：中国地质大学.

孔海娟，张蕊，周建军，等，2013. 芳纶纤维的研究现状与进展[J]. 中国材料进展，32（11）：676-684.

冷兴武，1982. 非测地线稳定缠绕的基本原理[J]. 宇航学报，3（3）：90-99.

冷兴武，1985. 纤维缠绕的基本理论[J]. 宇航材料工艺，15（6）：13-17.

李成刚，2012. 复合材料层合板首末层失效强度的预测方法研究[J]. 机械，39（3）：48-53，68.

李建梅，李立翰，王玉清，2013. 硅橡胶绝热层在固体火箭冲压发动机中的烧蚀实验研究[C]. 中国航天科工集团.

李军英，王秉权，1999. 纤维缠绕气瓶用金属内衬与塑料内衬的优缺点比较[J]. 纤维复合材料，16（3）：41-42.

李顺林，王兴业，1993. 复合材料结构设计基础[M]. 武汉：武汉工业大学出版社.

李伟占，2012. 复合材料层合板损伤失效模拟分析[D]. 哈尔滨：哈尔滨工程大学.

李艳红，张存林，金万平，等，2005. 碳纤维复合材料的红外热波检测[J]. 激光与红外，35（4）：262-264.

李勇，肖军，2002. 纤维缠绕的曲面架空分析及其应用[J]. 宇航材料工艺，32（3）：30-32.

廖国峰，沈伟，张继涛，等，2021. 碳纤维用湿法缠绕成型工艺环氧树脂研究[J]. 化工新型材料，49（8）：101-105，110.

刘炳禹，张炜，王晓洁，1996. 封头补强技术研究[J]. 固体火箭技术，19（4）：57-61.

刘江涌，2012. 关于几种形式封头特点的比较[J]. 广东化工，39（7）：202-203.

刘萌，祖磊，李书欣，等，2018. 复合材料球形气瓶非测地线缠绕线型设计和强度分析[J]. 玻璃钢/复合材料，（2）：8-14.

刘锡礼，王秉权，1984. 复合材料力学基础[M]. 北京：中国建筑工业出版社.

刘雄亚，谢怀勤，1994. 复合材料工艺及设备[M]. 武汉：武汉理工大学出版社.

鲁文可，肖健，2019. 超薄金属内衬轻量化复合材料压力容器的设计与制备[J]. 黑龙江科学，10（8）：74-75.

陆关兴，王耀先，1991. 复合材料结构设计[M]. 上海：华东化工学院出版社.

吕恩琳，1992. 复合材料力学[M]. 重庆：重庆大学出版社.

穆建桥，2017. 复合材料压力容器的非测地线缠绕成型及强度分析研究[D]. 武汉：武汉理工大学.

潘浩东，李德华，尹艳华，等，2020. 碳纤维树脂基复合材料壳体固化过程数值分析[J]. 热固性树脂，35（6）：27-32，37.

秦小强，邓贵德，梁海峰，2020. 自紧压力对全缠绕复合气瓶疲劳性能的影响[J]. 复合材料科学与工程，（6）：57-61，83.

琼斯 R M，1981. 复合材料力学[M]. 朱颐龄，等译. 上海：上海科学技术出版社.

屈泉，2004. 高性能纤维多轴向经编针织复合材料力学性能的研究[D]. 上海：东华大学.

全国工业过程测量控制和自动化标准化技术委员会. 一般压力表（GB/T 1226—2017）. 北京：中国标准出版社.

全国气瓶标准化技术委员会，2012. 气瓶水压爆破试验方法（GB/T 15385—2011）. 北京：中国标准出版社.

全国气瓶标准化技术委员会，2017. 气瓶压力循环试验方法（GB/T 9252—2017）. 北京：中国标准出版社.

全国气瓶标准化技术委员会，2018. 车用压缩氢气铝内胆碳纤维全缠绕气瓶（GB/T 35544—2017）. 北京：中国标准出版社.

上海耀华玻璃厂研究所，1977. 玻璃钢压力容器中金属内衬的助力[J]. 玻璃钢/复合材料，（1）：17-23.

沈春锋，任洵涛，韩江，等，2020. 纤维缠绕张力控制系统设计研究[J]. 制造业自动化，42（4）：94-97.

沈观林，胡更开，2006. 复合材料力学[M]. 北京：清华大学出版社.

史耀耀，阎龙，杨开平，2010. 先进复合材料带缠绕、带铺放成型技术[J]. 航空制造技术，53（17）：32-36.

苏红涛，刘华明，路华，1998. 非测地线缠绕稳定条件和缠绕工艺性的判别[J]. 复合材料学报，15（2）：3-5.

陶家祥，2016. 碳纤维预浸料性能与固化工艺研究[D]. 上海：东华大学.

田开谟，1990. 大型缠绕芯模的设计[J]. 玻璃钢/复合材料，（1）：27-31，44.

汪洋，2018. 大张力缠绕复合材料身管的力学分析与结构优化[D]. 武汉：武汉理工大学.

王迪，2017. 不同缠绕工艺下复合材料气瓶力学性能研究[D]. 大连：大连理工大学.

王华毕，程硕，祖磊，等，2020. 复合材料储氢气瓶的纤维厚度预测与强度分析[J]. 复合材料科学与工程，（5）：5-11.

王诺思，2013. 纤维缠绕增强复合管外压及组合荷载下的屈曲性能研究[D]. 杭州：浙江大学.

王荣国，赫晓东，胡照会，等，2010. 超薄金属内衬复合材料压力容器的结构分析[J]. 复合材料学报，27（4）：131-138.

王荣国，矫维成，刘文博，等，2009. 轻量化复合材料压力容器研究进展[J]. 航空制造技术，52（15）：77-80.

王小永，钱华，2006. 先进复合材料中的主要缺陷与无损检测技术评价[J]. 无损探伤，30（4）：1-7.

王晓宏，张博明，刘长喜，等，2009. 纤维缠绕复合材料压力容器渐进损伤分析[J]. 计算力学学报，26（3）：446-452.

王兴业，1999. 复合材料力学分析与设计[M]. 北京：国防科技大学出版社.

王耀先，2001. 复合材料结构设计[M]. 北京：化学工业出版社.

王耀先，2012. 复合材料力学与结构设计[M]. 上海：华东理工大学出版社.

王瑛琪，盖登宇，宋以国，2011. 纤维缠绕技术的现状及发展趋势[J]. 材料导报，25（3）：110-113.

王永寿，2002. 导弹天线罩的制造技术[J]. 飞航导弹，（8）：49-50.

王震鸣，1991. 复合材料力学和复合材料结构力学[M]. 北京：机械工业出版社.

魏喜龙，马国峰，苏峰，等，2011. 纤维缠绕压力容器最佳预应力与缠绕张力关系研究[J]. 纤维复合材料，28（3）：22-25.

魏正方，2007. 水溶性芯模材料的制备与性能研究[D]. 武汉：武汉理工大学.

吴凯，2020. 复合材料层合板结构分析与优化设计[D]. 大连：大连理工大学.

谢全利，2009. 压力容器稳定性分析[J]. 化工设备与管道，46（2）：9-11.

许家忠，杨健，刘美军，等，2019. 纤维缠绕张力控制系统的设计[J]. 控制工程，26（2）：270-275.

杨博，袁奕雯，王洁璐，2019. 高压储氢气瓶性能实验方法比较[J]. 化工装备技术，40（4）：43-57.

杨眉，2011. 飞机复合材料结构分层损伤研究[D]. 上海：上海交通大学.

尹晔东，2008. 一种超高分子量聚乙烯纤维制备的干法纺丝工艺方法：CN200710177044.1[P].

于斌，刘志栋，赵为伟，等，2011. 国内外复合材料气瓶发展概况与标准分析（一）[J]. 压力容器，28（11）：47-52.

于光，习俊通，刘卫平，等，2012. 超声设备在航空复合材料结构检测中的应用[J]. 高科技纤维与应用，37（2）：42-49.

张二勇，孙艳，2020. 碳纤维织物成型工艺的分析[J]. 科学技术创新，（4）：170-171.

张林，2009. 复合材料层合板的逐渐失效分析[D]. 哈尔滨：哈尔滨工业大学.

张鹏，金子明，虢忠仁，等，2012. PBO 纤维热稳定性研究[J]. 高科技纤维与应用，37（2）：25-30.

张振瀛，1989. 复合材料力学基础[M]. 北京：航空工业出版社.

张志坚，宋长久，章建忠，等，2019. 纤维缠绕张力对玻璃钢制品质量的影响及控制措施[J]. 玻璃钢/复合材料，（11）：111-114.

赵静生，苏英，许东辉，2010-05-05. 一种复合绳索的制备方法及其在体育运动中的应用，CN200910197938.6[P].

赵领航，蔡普宁，林娜，2017. 浅析防刺织物研究开发现状[J]. 合成纤维，46（2）：49-51.

赵美英，陶梅贞，2007. 复合材料结构力学与结构设计[M]. 西安：西北工业大学出版社.

赵明，2008. 基于汽车活塞检测的应变片式微位移传感器系统研究[D]. 沈阳：沈阳理工大学.

郑传祥，2006. 复合材料压力容器[M]. 北京：化学工业出版社.

周威威，2013. 复合材料气瓶内衬稳定性分析及爆破压力研究[D]. 杭州：浙江大学.

祖磊，2007. 纤维缠绕环形容器结构设计与损伤检测[D]. 西安：西安理工大学.

祖磊，穆建桥，王继辉，等，2016. 基于非测地线纤维缠绕压力容器线型设计与优化[J]. 复合材料学报，33（5）：1125-1131.

左惟炜，肖来元，廖道训，2007. 三维编织复合材料高压储气瓶的屈曲分析与优化设计[J]. 中国机械工程，18（3）：286-291.

Cai B P, Liu Y H, Liu Z K, et al, 2011. Reliability-based load and resistance factor design of composite pressure vessel under external hydrostatic pressure[J]. Composite Structures，93（11）：2844-2852.

Cai B P, Liu Y H, Liu Z K, et al, 2012. Probabilistic analysis of composite pressure vessel for subsea blowout preventers[J]. Engineering Failure Analysis，19：97-108.

Camanho P P, Matthews F L, 1999. A progressive damage model for mechanically fastened joints in composite laminates[J]. Journal of Composite Materials，33（24）：2248-2280.

Dvorak G J, Laws N, 1975. Mechanics of Composite Materials[M]. Washington DC: Scripta Book Co.

Gibson R F, 2016. Principles of Composite Material Mechanics[M]. 4th ed. Oxford: Taylor and Francis.

Hancox N L, 1996. Engineering mechanics of composite materials[J]. Materials and Design, 17 (2): 114.

Hashin Z, 1980. Failure criteria for unidirectional fiber composites[J]. Journal of Applied Mechanics, 47 (2): 329-334.

Hill R, 1964. Theory of mechanical properties of fibre-strengthened materials: I. Elastic behaviour[J]. Journal of the Mechanics & Physics of Solids, 12 (4): 199-212.

Hoffman O, 1967. The brittle strength of orthotropic materials[J]. Journal of Composite Materials, 1 (2): 200-206.

Krishna K, Murty M N, 1999. Genetic K-means algorithm[J]. IEEE Transactions on Cybernetics, 29 (3): 433-439.

Lifshitz J M, Dayan H, 1995. Filament-wound pressure vessel with thick metal liner[J]. Composite Structures, 32 (1): 313-323.

Liu P F, Chu J K, Hou S J, et al, 2012. Micromechanical damage modeling and multiscale progressive failure analysis of composite pressure vessel[J]. Computational Materials Science, 60: 137-148.

Moon C J, Kim I H, Choi B H, et al, 2010. Buckling of filament-wound composite cylinders subjected to hydrostatic pressure for underwater vehicle applications[J]. Composite Structures, 92 (9): 2241-2251.

Olmedo A, Santiuste C, 2012. On the prediction of bolted single-lap composite joints[J]. Composite Structures, 94 (6): 2110-2117.

Puck A, Schürmann H, 2002. Failure analysis of FRP laminates by means of physically based phenomenological models[J]. Composites Science and Technology, 62 (12-13): 1633-1662.

Tsai S W, Wu E M, 1971. A general theory of strength for anisotropic materials[J]. Journal of Composite Materials, 5 (1): 58-80.

Yamada S E, Sun C T, 1978. Analysis of laminate strength and its distribution[J]. Journal of Composite Materials, 12 (3): 275-284.

Ye L, 1988. Role of matrix resin in delamination onset and growth in composite laminates[J]. Composites Science and Technology, 33 (4): 257-277.

Zu L, Xu H, Wang H B, et al, 2019. Design and analysis of filament-wound composite pressure vessels based on non-geodesic winding[J]. Composite Structures, 207: 41-52.